Hayet Si Abdelkader

Adhésion des interfaces métal/céramique

Hayet Si Abdelkader

Adhésion des interfaces métal/céramique

Noor Publishing

Imprint
Any brand names and product names mentioned in this book are subject to trademark, brand or patent protection and are trademarks or registered trademarks of their respective holders. The use of brand names, product names, common names, trade names, product descriptions etc. even without a particular marking in this work is in no way to be construed to mean that such names may be regarded as unrestricted in respect of trademark and brand protection legislation and could thus be used by anyone.

Cover image: www.ingimage.com

Publisher:
Noor Publishing
is a trademark of
OmniScriptum S.R.L Publishing group
Str. Armeneasca 28/1, office 1, Chisinau MD-2012, Republic of Moldova, Europe
Printed at: see last page
ISBN: 978-620-4-72327-3

Adhésion des interfaces métal/céramique

Nomenclature

Abréviations les plus couramment utilisées :

ZB Zone de Brillouin (*Brillouin zone*)

DFT Théorie de la fonctionnelle de la densité (*Density functional theory*)

LDA Approximation de la densité locale (*Local density approximation*)

GGA Approximation du gradient généralisée (*Generalized gradient approximation*)

r_c Rayon de coupure (*Cutoff radius*)

PP Pseudo-potentiel (*Pseudo-potential*)

US Ultra-doux (*Ultra-Soft*)

PAW Pseudo-potentiel et onde augmentée (*Projector augmented wave*)

E_f Energie de Fermi (*Fermi energy*)

E_{cut} Energie de coupure (*Cutoff energy*)

VASP Vienna *ab initio* Simulation Package

DOS Densité d'états (*Density of States*)

PW91 Perdew-Wang 91

W_{ad} Travaild'adhésion (*Work of adhesion*)

B Module de compressibilité (*Bulk modulus*)

NM Non-magnétique (*Non-magnetic*)

FM Ferromagnétique (*Ferromagnetic*)

cfc Cubique à faces centrées

cc Cubique centré

Table des matières

Table des figures

Liste des tableaux

Chapitre 1

Introduction

1.1. Contexte général

Compte tenu des progrès techniques expérimentaux et théoriques, la recherche sur les interfaces évolue en une nouvelle branche à part entière parmi les sciences des matériaux. Le but de la science des interfaces est de faciliter la fabrication de matériaux d'importance technologique en optimisant les propriétés se basant sur une compréhension globale de la microstructure de l'interface et son influence sur les performances [1].

L'interface joue un rôle critique dans diverses propriétés physiques et chimiques. Beaucoup de propriétés importantes des matériaux dans les applications technologiques sont fortement affectées ou même déterminées par la présence des interfaces. Les propriétés physiques et chimiques d'un matériau peuvent être modifiées ou changées significativement autour de l'interface.

Les interfaces entre des matériaux différents, tel qu'entre les métaux et les céramiques, sont assez spéciales. Dans le cas général, le dépôt d'un métal (plusieurs dizaines de monocouches) sur une céramique présente une zone de transition (l'interface à proprement dite) où les propriétés physiques sont différentes de celles de la céramique et celles du métal. Il peut y avoir plusieurs phénomènes : formation des liaisons spécifiques, création d'un dipôle etc....... Il en résulte une modification des propriétés structurales et électroniques. Au-delà de cette interface, la céramique et le métal gardent leurs propriétés du matériau massif.

Du point de vue historique, l'émaillage est appliqué depuis plus de trois millénaires, mais seulement depuis l'apparition des céramiques techniques (Al_2O_3, ZrO_2, AlN...) et leur utilisation dans l'électronique que les recherches sur la liaison entre un métal et une céramique se sont développées. Parmi les applications visées, on peut citer les tubes électroniques, les isolateurs électriques, les valves à vide, les condensateurs, etc.... Les deux caractéristiques principales demandées à la liaison sont l'étanchéité et une tenue mécanique correcte.

Depuis une trentaine d'années, les céramiques thermomécaniques (Al_2O_3, ZrO_2, SiC, Si_3N_4...) sont étudiées en vue d'applications dans les turbines à gaz et les moteurs thermiques afin d'améliorer le rendement grâce à une augmentation de la température de fonctionnement. C'est ainsi que plusieurs programmes d'étude et développement ont vu le jourdans divers pays [2] :

-1972, U.S.A. « DARPA » moteur turbine pour véhicule terrestre.

-1976, U.S.A. « NAVSEA » et « GARRET » céramisation de turbine 200 CV.

-1980, R.F.A. moteur céramisé pour automobile avec la collaboration des Sociétés Volkswagen, Feldmühle, Rosenthal...

-1984, Japon. Projet « moonlight », turbine à gaz à haut rendement.

Devant l'échec des programmes concernant les moteurs "tout céramique ", plus récemment d'autres applications sont apparues, par exemple :

2006, France. Projet ANR « CERAMAT » : composite céramique-métal pour EHT (Electrolyseur haute température) et SOFC (Solid Oxide Fuel cell).

Cet aperçu ne serait pas complet si nous ne mentionnions pas les interfaces métal/céramique utilisées dans le génie biologique et médical. Dans le domaine dentaire, avec l'utilisation des barbotines comme revêtements sur les prothèses métalliques, mais aussi récemment avec les prothèses articulaires, l'emploi des céramiques appelées biocompatibles (Al_2O_3 et ZrO_2 essentiellement) offre de réels espoirs pour la chirurgie osseuse.

1.2. Objectifs

Malgré leur utilisation dans une variété d'applications, les propriétés fondamentales des interfaces métal/céramique sont encore mal comprises. Historiquement, cela est dû aux complications expérimentales associées à l'étude d'une interface cachée, et aux difficultés théoriques provenant des interactions des liaisons d'interfaces complexes [3-6]. Toutefois, l'avènement des techniques du premier principe basées sur la théorie de la fonctionnelle de la densité (DFT) a conduit à de nouvelles opportunités pour des simulations très précises de la structure atomique et électronique des interfaces.

La DFT est une théorie basée sur la mécanique quantique qui produit des résultats précis pour la résolution des structures électroniques. Elle permet de réduire le problème à plusieurs particules en une équation à un seul corps avec un champ effectif, dans lequel toutes les interactions sont prises en compte. Ce potentiel effectif qui tient compte d'un champ moyen est augmenté du potentiel d'échange-corrélation. L'énergie de ce dernier terme ainsi que l'énergie totale du système sont des fonctionnelles d'un seul paramètre variationnel qui est la densité électronique. C'est aussi par rapport à cette fonctionnelle d'échange-corrélation que les différentes approximations sont déterminées, telles que l'approximation de la densité locale (LDA, née avec la DFT elle-même) ou encore l'approximation du gradient généralisé (GGA). Dans ce travail, nous utilisons la méthode du pseudo-potentiel *ab initio*, implémentée dans le code VASP, qui permettra de décrire la structure électronique et optimiser les géométries des différents modèles d'interfaces.

Nous présentons une série de calculs DFT sur une sélection d'interfaces métal/céramique, avec principal objectif d'examiner et de prédire les propriétés mécaniques (adhésion) et structurales (géométries atomistiques) et électroniques (type de liaison) de ces interfaces. Bien qu'un nombre important d'interfaces métal/oxyde ait été étudié par des méthodes expérimentales et théoriques (particulièrement des calculs *ab initio*) [7-9], les interfaces métal/céramique non-oxyde sont encore mal connues et la nature de l'adhésion reste à élucider. C'est dans ce contexte qu'a été initiéet réalisé ce travail.

1.3. Plan de travail

Après cette introduction générale, un deuxième chapitre présente quelques généralités sur les interfaces métal/céramique et un aperçu des travaux théoriques publiés sur ces systèmes. Le troisième chapitre est consacré aux outils numériques basés sur la DFT, où la méthode de calcul utilisée sera présentée. Nous entamerons la présentation des résultats de notre travail dans le quatrième chapitre, où l'interface Al/Mo_2B est étudiée. Après avoir présenté les résultats de calcul du volume et des tests de validation de surface, nous exposerons et discuterons l'adhésion et la structure électronique des deux faces (Molybdène et Bore). Le cinquième chapitre est dédié aux interfaces Mo/HfC et Mo/ZrC. A ce niveau, nous suivons le même schéma que dans le chapitre précédent, avec l'examen de l'influence d'impureté de Rhénium sur l'adhésion et la structure électronique de ces systèmes. L'adhésion et la structure électronique de l'interface Fe/HfC font l'objet du sixième chapitre. Compte tenu du magnétisme du fer, les propriétés magnétiques de l'interface sont aussi traitées.

Bibliographie

[1] DL. Allara, A perspective on surfaces and interfaces, Nature 437 (2005) 638.

[2] M. Courbiere, D. Treheux, C. Beraud and C. Esnouf, Metal-ceramic bonding: techniques and physico-chemical aspects, Annales de chimie, 12 (1987) 295.

[3] M. Humenik and W. D. Kingery, Metal-Ceramic Interactions: III, Surface Tension and Wettability of Metal-Ceramic Systems, Journal of the American Ceramic Society 37 (1954) 18.

[4] J.M. Howe, Bonding, Structure and Properties of Metal/Ceramic Interfaces- Part 1: Chemical, Bonding, Reaction and Interfacial Structure, Inter. Mater. Rev, 38 (1993) 233.

[5] M.W. Finnis, The theory of metal-ceramic interfaces, J. Phys.: Condens. Matter.8 (1996) 5811.

[6] S.Q. Wang, H.Q. Ye, Theoretical studies of solid–solid interfaces, Current Opinion in Solid State and Materials Science 10 (2006) 26.

[7]J.-G. Li, Wetting and Interfacial Bonding of Metals with Ionocovalent Oxides, Journal of the Americal Ceramic Society 75 (1992) 3118.

[8] F. Ernst, Metal-oxide interfaces, Materials Science and Engineering, R14 (1995) 97.

[9] S.B. Sinnott, E.C. Dickey, Ceramic/metal interface structures and their relationship to atomic- and meso-scale properties, Materials Science and Engineering R, 43, (2003) 1.

Chapitre 2

Généralités sur les interfaces métal/céramique

2.1. Introduction

Il est difficile de trouver deux classes de matériaux qui soient plus différentes que les métaux avec les céramiques. Les matériaux métalliques sont naturellement constitués d'éléments métalliques et ils procèdent un grand nombre d'électrons non-localisés. Ses matériaux sont en général ductiles, malléables, résistent aux hautes températures, mais leur instabilité au contact de l'air et de l'eau diminue leur résistance à la corrosion et à l'usure. Les métaux sont de très bons conducteurs d'électricité et de chaleur.

Les céramiques sont juste à l'opposé, ce sont des composés d'éléments métalliques et non-métalliques. La plupart d'entre eux, tels que les oxydes, les carbures, les nitrures, les borures et les siliciures sont très durs, très rigides, résistent à la chaleur, à l'usure et à la corrosion, mais sont très fragiles. Ses matériaux sont typiquement non-conducteurs d'électricité et de chaleur, c'est-à-dire de bons isolants.

Le tableau 2.1 résume quelques propriétés de ces deux familles de matériaux.

Tableau 2.1 : Quelques propriétés des deux grandes familles de matériaux.

Famille de matériaux	Métaux	Céramiques
Densité	élevée	faible
Rigidité (module d'Young)	élevée	très élevée
Coefficient de dilatation thermique	moyen	faible
Dureté, résistance	élevée	très élevée
Ductilité (déformabilité)	élevée (plasticité)	faible et aléatoire
Conductivité électrique, thermique	élevée	faible en général
Résistance à l'environnement (corrosion)	faible en général	élevée
Température maximale d'utilisation	élevée	très élevée
Mise en forme	facile (déformation)	difficile (frittage)

En raison d'une telle différence des propriétés, la combinaison de matériaux métalliques et céramiques a menée à des avantages technologiques et industriels. Des exemples sont les dispositifs microélectroniques, les catalyseurs hétérogènes, les barrières thermiques, les outils de coupe industriels et les implants médicaux [1]. Toutefois, l'assemblage des métaux massifs avec des céramiques massives reste toujours un problème d'actualité. Il est en effet relativement délicat de créer des liaisons entre des matériaux aux propriétés si différentes. Cependant, tout un éventail de techniques est proposé dans la littérature [2-4]. Les principales techniques de liaison métal/céramique sont : le frittage, le soudage et le brasage. La plupart de ces techniques sont basées sur la création d'interfaces chimiques stables entre les composants métalliques et céramiques. Ces procédés d'assemblage sont contrôlés par les conditions d'adhésion.

La figure 2.1 est une représentation schématique des avantages et inconvénients de l'assemblage de matériaux des deux familles.

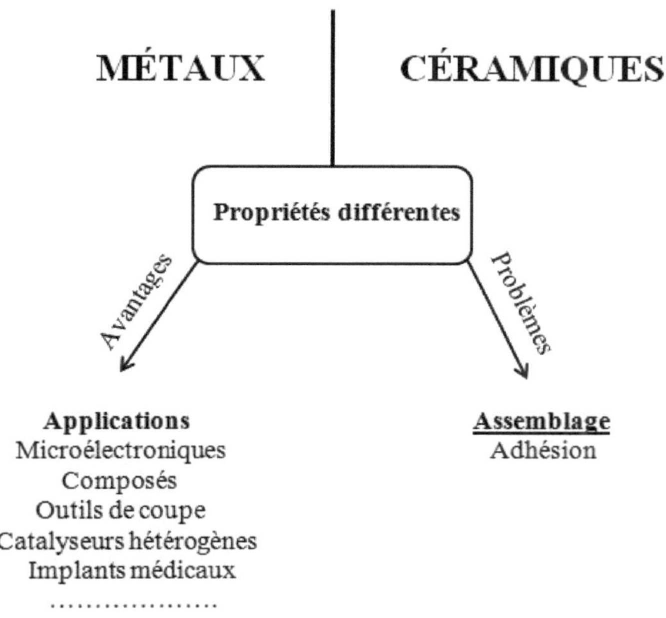

Figure 2.1 : Représentation schématique illustrant la situation avec l'utilisation pratique des systèmes métal/céramique.

L'adhésion est induite par les forces d'attraction entre les atomes [5] et assure la formation et la cohésion de l'interface entre les deux solides. Il s'agit :

- des forces à longue portée, d'origine électrostatique, qui sont reliées aux mécanismes de polarisation (micrométrique),
- des forces à moyenne portée, qui correspondent à des interactions de type van der Waals (quelques nanomètres),
- des forces de courte portée, qui correspondent aux liaisons chimiques de type intra moléculaire (ionique, covalente, métallique) de l'ordre de 0,1-0,2 nm.

La figure 2.2 illustre ces différentes forces.

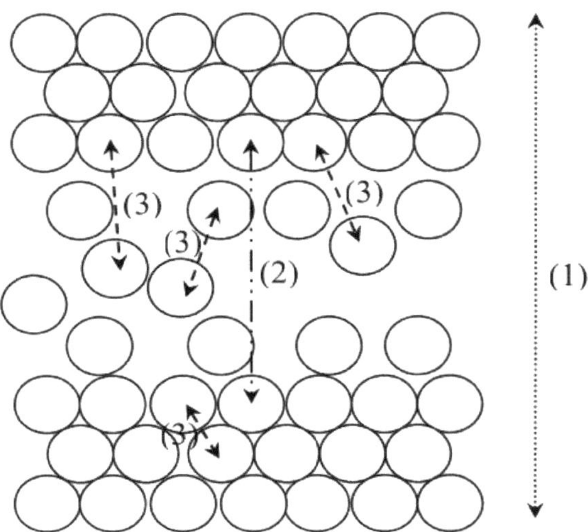

Figure 2.2 : Différents types d'interaction ; (1) Forces à longue, (2) moyenne et (3) courte portée.

Dans les assemblages métal/céramique, les trois niveaux de force sont à rechercher pour obtenir un contact permanent entre les deux surfaces solides. De plus, il faut tenir compte de la formation possible de produits de réactions entre les deux matériaux à associer. En l'absence de réaction chimique avec formation de phases nouvelles, on utilise le terme « système non-réactif ». A l'inverse, si de nouvelles phases sont formées (phases intermétalliques ternaires), on parle de système réactif. Bien que les réactions interfaciales soient un aspect important des interfaces métal/céramique, dans cette étude nous nous concentrons sur les interfaces non-réactives.

2.2. Les interfaces métal/céramique non-réactives

Les recherches de base sur les interfaces métal/céramique non-réactives sont centrées sur l'adhésion, la structure atomique et la nature des liaisons interfaciales.

2.2.1. Structure atomique de l'interface

Pratiquement toutes les propriétés des interfaces métal/céramique dépendent directement de la structure atomique qui se forme à l'interface. Les interfaces qui nous intéressent sont celles considérées comme deux surfaces libres de différents matériaux mis atomiquement proches l'un de l'autre. La structure atomique de l'interface décrit comment les atomes des deux surfaces de contact sont arrangés. Ce placement relatif est affecté par le fait que les interactions interatomiques à travers l'interface peuvent influencer significativement les interactions et les structures atomiques dans chacun des sous-systèmes de contact (relaxations d'interface). En outre, les atomes peuvent pénétrer d'un côté de l'interface à l'autre (interdiffusion). Un facteur plus important est la différence dans la structure et la périodicité de chacune des surfaces, ce qu'est appelé accommodation de réseau '*lattice mismatch*'. Ceci peut avoir comme conséquence l'irrégularité significative de la structure de l'interface, avec une cellule unitaire d'interface beaucoup plus grande que celles des deux surfaces, avec beaucoup de défauts (dislocations d'interface), ou sans aucun ordre à longue portée (amorphe).

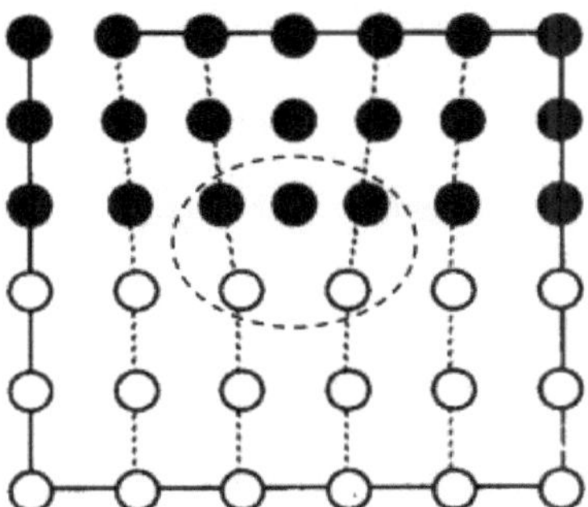

Figure 2.3 : Représentation schématique des distorsions de réseau localisées qui forment une dislocation de misfit à l'interface [6]. La région principale de la dislocation de misfit est montrée par un cercle pointillé.

Cristallographiquement, certaines interfaces ont la bonne accommodation de réseau à travers l'interface tandis que d'autres sont mal adaptées. Typiquement, les interfaces hétérophases ne sont pas un réseau parfaitement adapté. Il en résulte des interfaces incohérentes ou semi-cohérentes (c'est-à-dire cohérentes "presque partout" moyennant un réseau de défauts misfit). Pour un réseau de misfit raisonnablement petit, la structure d'interface résultante est souvent décrite comme étant composée des régions bien-adaptées (cohérentes), avec la déformation de misfits localisés comme des défauts linéaires, désignés sous le nom de dislocations de misfit.

La figure 2.3 présente un cas typique. La distance entre les dislocations de misfit devrait diminuer avec l'augmentation du degré de misfit, de sorte qu'à un certain point il serait difficile de distinguer une dislocation de misfit séparée. À ce point, ces irrégularités de structure devraient fusionner, donnant lieu à une structure d'interface totalement irrégulière (amorphe).

2.2.2. Adhésion métal/céramique

2.2.2.1. Définition

En raison du large champ couvert par le mot « adhésion », il n'existe pas un critère physique permettant de définir de façon universelle l'adhésion. De nombreuses propriétés peuvent intervenir dans le phénomène d'adhésion, ce qui le rend difficile à interpréter : relation d'orientation, ségrégation, chimie des surfaces mises en présence, déformations élastiques ou plastiques, mais aussi présence d'impuretés venant de l'environnement. Pour être précis en termes d'adhésion, il est utile de différencier les phénomènes macroscopiques et microscopiques.

✓ **Point de vue physicochimique microscopique : « adhésion »**

L'adhésion correspond à la formation d'une interface entre deux corps suffisamment proches pour qu'il existe des forces interatomiques ou intermoléculaires entre eux.

L'adhésion microscopique prend donc en compte les liaisons atomiques ou moléculaires présentes dans le système où le phénomène macroscopique est constaté. C'est une propriété intrinsèque commune aux deux matériaux mis en présence. On utilise parfois le terme « adhésion thermodynamique ».

✓ **Point de vue macroscopique : « adhérence »**

On dit que deux corps solides adhèrent macroscopiquement quand:

- Il existe entre eux une interface qui persiste si le système est sollicité dans n'importe quelle direction,
- Le tenseur des contraintes appliqué aux deux corps est continu à la traversée de l'interface et reste continu lors d'une sollicitation.

L'adhérence correspond donc à un phénomène comportant aussi des aspects mécaniques. Elle dépend de la géométrie des corps en présence, de leur histoire et des contraintes appliquées (direction, intensité, durée de la charge), et d'une façon générale de tous les phénomènes dissipatifs d'énergies.

2.2.2.2. Critères énergétiques

Une quantité fondamentale qui influence les propriétés mécaniques d'une interface est le travail d'adhésion idéal, W_{ad} [1]. Il est défini comme étant l'énergie nécessaire pour briser les liaisons interfaciales et séparer réversiblement une interface en deux surfaces libres, en négligeant la diffusion et la déformation plastique. Lorsqu'il est combiné avec le travail de la déformation plastique, W_p, le travail d'adhésion détermine l'énergie de rupture d'une interface, Γ :

$$\Gamma = W_{ad} + W_p \tag{2.1}$$

Cependant, puisque le degré de déformation plastique qui se produit pendant la rupture interfaciale est connu pour dépendre de W_{ad} [7, 8].

Formellement, il peut être défini par la différence dans l'énergie totale entre l'interface et les surfaces isolées :

$$W_{ad} = \left(E_m^{tot} + E_c^{tot} - E_{m/c}^{tot}\right)/\,2A \tag{2.2}$$

E_m^{tot} : Énergie totale de la structure relaxée du métal isolé.

E_c^{tot} : Énergie totale de la structure relaxée de la céramique isolée.

$E_{m/c}^{tot}$: Énergie totale de l'interface métal/céramique.

A : L'aire élémentaire de l'interface. Le facteur multiplicatif 2 tient compte de la présence des deux interfaces identiques dans une supercellule de simulation.

Le travail d'adhésion idéal peut également être exprimé par l'équation de Dupré en termes d'excès des énergies libres de surface et d'interface :

$$W_{ad} = \gamma_m + \gamma_c - \gamma_{m/c} \tag{2.3}$$

γ_m : Énergie de surface libre du métal.

γ_c : Énergie de surface libre de la céramique.

$\gamma_{m/c}$: Énergie de l'interface métal/céramique.

La figure 2.4 représente la différence entre les deux définitions du travail d'adhésion.

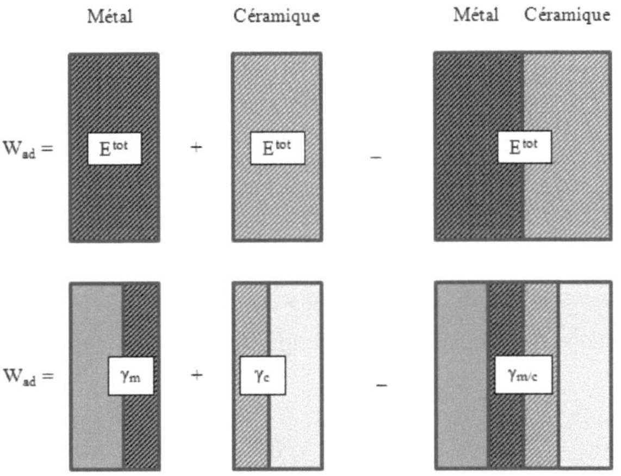

Figure 2.4 : Représentation graphique des deux méthodes différentes pour obtenir W_{ad}, selon les équations (2.2) et (2.3).

2.3. Revue de littérature

2.3.1. Études expérimentales

La plupart des mesures de travail d'adhésion sont effectuées à partir d'un système métal liquide/céramique solide à partir de la notion de mouillabilité. La mouillabilité correspond en fait à la variation d'énergie libre produite lors de la rupture du contact d'un solide et d'un liquide sur une unité de surface. Lorsqu'un solide est en contact avec un liquide, l'énergie libre du système diminue de cette quantité par unité de surface.

Dans le cas des interfaces métal/céramique, l'énergie interfaciale métal (liquide)/céramique (solide) est habituellement caractérisée par l'angle de contact θ liquide/solide formé à la ligne triple du système composé du métal liquide (γ_m), de la céramique solide (γ_c) et de l'interface liquide/solide ($\gamma_{m/c}$). L'angle de contact explicité dans la figure 2.5 est défini grâce à l'équation de Young [9].

$$\cos\theta = \frac{\gamma_c - \gamma_{m/c}}{\gamma_m} \tag{2.4}$$

θ Étant l'angle de contact liquide/solide (dit angle de mouillage).

Deux configurations peuvent apparaitre :

- Un mouillage partiel caractérisé par un angle de contact compris entre 0 et 180°. Le liquide tend à prendre la forme d'une calotte sphérique. Si l'angle de contact est supérieur à 90° le liquide est dit non-mouillant, dans le cas contraire il est dit mouillant.
- Un mouillage parfait, caractérisé par un angle de contact nul, conduit à la formation d'un film liquide recouvrant le solide. Dans le cas des systèmes de type métal liquide/céramique solide, le mouillage parfait reste un cas exceptionnel.

Il y a formation de l'interface si $\gamma_{m/c}$ est inférieure à $\gamma_m + \gamma_c$. La plupart des mesures de travail d'adhésion correspondent à une configuration métal (liquide)/céramique (solide) et sont effectuées par la méthode de la goutte posée [1] en utilisant la relation de Young-Dupré:

$$W_{ad} = \gamma_m(1+\cos\theta) = \gamma_m + \gamma_c - \gamma_{m/c} \qquad (2.5)$$

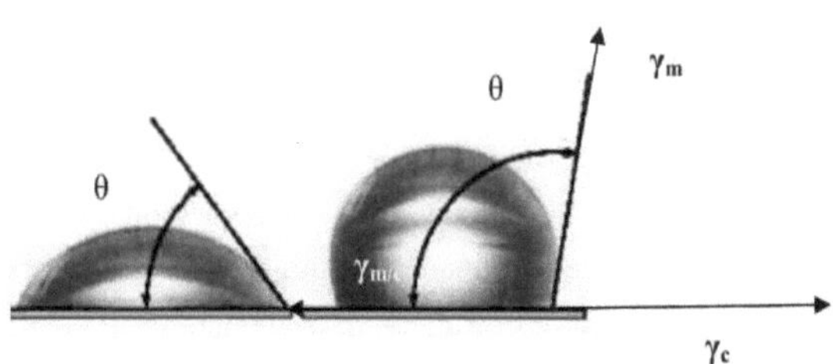

Figure 2.5 : Définition de l'angle de contact θ.

Bien qu'il semble actuellement qu'une comparaison directe pourrait être faite entre W_{ad} à partir d'un calcul théorique et à l'angle de contact de l'expérience, il faut procéder avec prudence. En particulier, W_{ad} expérimental dérivé des équations (2.4) et (2.5) dépend des énergies de surface et d'interface qui sont en équilibre avec la vapeur environnante et les phases en volume adjacents. Il y'a souvent des différences additionnelles entre l'expérience et la théorie, tels que les effets de la température et les différences structurales liées à une interface liquide-solide contre un système solide-solide. En tout, il est peut-être mieux de n'assumer que l'accord qualitatif entre les valeurs de W_{ad} calculées et expérimentales. Une compilation des données expérimentales concernant la mouillabilité des céramiques par des métaux liquides peut être trouvée dans la référence [10].

2.3.2. Études théoriques : Simulations du premier-principes

Il est clair que des méthodes plus précises et plus détaillées sont nécessaires pour une compréhension approfondie de l'adhésion métal/céramique. Avec l'avènement des techniques de simulation basées sur la théorie de la fonctionnelle de la densité (DFT), une image plus claire de la structure atomique et électronique de ces interfaces commence à émerger. Ces méthodes sont désignées collectivement comme « premier-principe » ou *ab initio* parce qu'elles ne comptent pas sur une donnée expérimentale autre que la masse et le numéro atomique d'un élément donné. Les interactions électroniques fondamentales sont traitées au niveau de la mécanique quantique par une solution auto-cohérente de l'équation d'onde de Schrödinger. Dans cette section nous examinons brièvement quelques études sur l'adhésion qui ont utilisé ces techniques.

Les raisons principales pour utiliser des méthodes du premier principe pour étudier les interfaces métal/céramique sont leur généralité et exactitude. En raison de la disparité dans la structure électronique entre les métaux (où la liaison est souvent dominée par les électrons délocalisés) et les céramiques (généralement ayant des liaisons covalentes ou des interactions ioniques localisées), la liaison à l'interface peut comporter n'importe quelle combinaison de liaison métallique, covalente, ionique, ou via la polarisation. Cette variété fait qu'il est presque impossible de développer des modèles atomistiques empiriques ou semi-empiriques où on doit présupposer la nature indéterminée des interactions atomiques. Puisque la nature auto-cohérente d'un calcul *ab initio* ne nécessite pas de telle prescience, et est suffisamment générale pour décrire une série d'interactions et de liaisons, il fournit un choix normal et impartial pour de telles études.

Premières études : Systèmes métal/oxyde

Les premiers calculs *ab initio* sur l'adhésion ont été réalisés sur des interfaces métal/oxyde, et ces systèmes sont restés aussi l'objet de l'étude intensive au cours des dernières années. Un des premiers calculs a été effectué par Freeman et *al.* [11]. Ils ont utilisé la méthode des ondes planes augmentées linéarisées à potentiel total (FPLAPW) pour étudier une monocouche Ag adsorbée sur une surface rigide MgO(0 0 1), ils ont également examiné la structure électronique et l'énergie de liaison de l'interface Ag/CdO(0 0 1) [12] (encore une fois à l'aide d'une configuration de monocouche sur une surface rigide) et ont étudié les propriétés magnétiques des interfaces M/MgO(0 0 1), avec M représentant des monocouches de Fe, Pd, Rh et Ru [13, 14].

Hong et *al.* [15-17] ont utilisé la méthode de combinaison linéaire d'orbitales atomiques (LCAO) pour calculer l'énergie d'adhésion et la structure électronique des deux interfaces métal/oxyde : Ag/MgO(1 0 0) et Al/MgO(1 0 0). En plus ils ont étudié l'influence de la présence d'une monocouche interfaciale d'impureté sur l'adhésion de ces interfaces, en dopant les substrats de MgO par du C ou du Si. Dans la plupart des cas, une diminution du travail d'adhésion est observée. Cette diminution varie entre 9 % et 61 %.

Schönberger, Anderson, and Methfessel [18] ont utilisé la méthode des orbitales muffin-Tin linéarisées à potentiel total (FPLMTO) pour étudier les interfaces Ti/MgO(0 0 1) et Ag/MgO(0 0 1). Ils ont constaté que les constantes de force d'interface pour l'interface Ti/MgO étaient 3 à 4 fois plus grandes que celles pour Ag/MgO.

Pour finir, Finnis et *al.* [19, 20] ont utilisé les deux méthodes FPLMTO et pseudopotentiel (PP) pour étudier trois interfaces : Ti/MgO, Ag/MgO, et une monocouche de Nb adsorbée sur une surface d'Al_2O_3. Pour ces systèmes ils ont pu calculer le travail d'adhésion idéal, la nature de la liaison interfaciale, les densités des états électroniques locales, et la distribution de la charge électronique.

Les calculs discutés ci-dessus démontrent que des calculs *ab initio* des interfaces métal/céramique sont devenus possibles au début et au milieu des années 1990. Cependant, les problèmes avec la puissance de calcul et l'efficacité algorithmique ont limité l'applicabilité de ces méthodes aux systèmes relativement petits (modèles) qui ne pouvaient pas tenir compte des effets plus réalistes telles que des relaxations atomiques, l'épaisseur de surface, ou des défauts interfacials (lacunes et misfits). Les progrès récents ont rendu de telles études possibles, et nous présentons ci-dessous une brève revue des développements récents impliquant des systèmes métal/céramique.

Progrès récents : interfaces métal/céramique réalistes

Suite aux études de Freeman et *al.* sur les interfaces entre des monocouches de métaux de transition (Fe, Pd, Rh et Ru) et MgO(0 0 1), Nokbin et *al.* [21] ont réalisé des calculs du même système (Rh/MgO), en utilisant la méthode pseudopotentiel (PP). Où ils ont calculé les énergies d'adsorption/adhésion d'interface à des recouvrements allant de 1/8 à 1 monocouche. D'autres études utilisant Al_2O_3 pour céramique ont été effectuées par deux groupes. Zhang et *al.* [22, 23] ont conduit la première étude de la stabilité interfaciale des interfaces nonstœchiométriques impliquant Al, Ag, Ni et Cu sur α-Al_2O_3 (0 0 0 1), en calculant l'énergie libre interfaciale en fonction de la pression partielle d'oxygène. Les valeurs de travail d'adhésion calculées pour ces systèmes sont en bon accord avec l'expérience de mouillage. Eremeev et *al.* [24] ont examiné les propriétés de la liaison électronique aux interfaces Me(1 1 1)/Al_2O_3(0 0 0 1), où Me sont des métaux cubiques à faces centrées, cfc (Al, Ag, Cu). Ils ont calculé le travail d'adhésion et la structure électronique afin de révéler des facteurs électroniques sur la liaison métal/céramique aux interfaces idéales et en présence des lacunes d'oxygène dans les couches interfaciales.

Bien que les citations ci-dessus suggèrent qu'il y ait eu beaucoup d'activité visant à comprendre les interfaces métal/oxyde, moins d'attention a été accordée aux interfaces métal/non-oxyde. À notre connaissance, des études d'adhésion entre les métaux et les céramiques non-oxydes ont été faites seulement à partir des années 2000, Siegel et *al.* [25-28] ont obtenu une base de données des énergies d'adhésion pour les interfaces Al/céramique, dans laquelle la composante céramique est variée entre les carbures (WC, VC), les nitrures (VN, CrN, TiN) et les oxydes (Al_2O_3). Dudiy et *al.* [29-32] ont étudié les interfaces Co/Ti (C, N) et Co/WC, et ont constaté que les valeurs de W_{ad} sont en accord avec les expériences de mouillage à 10%.

Carter et *al.* [33-36] ont examiné l'adhésion et la structure électronique des interfaces entre le substrat de Fe et les céramiques TiC, ZrC, SiC et $MoSi_2$. Leurs résultats ont montré que ces céramiques peuvent être utiles comme des alternatives en revêtements protecteurs pour les aciers de ferrite.

Liu et *al.* [37-40] ont calculé les structures électroniques, les travaux d'adhésion et les géométries optimisées des interfaces Al/TiC, Ti/TiC, Al/TiN et Ti/TiN, et ils ont fait une comparaison entre les interfaces polaires Al/TiN(1 1 1) et les interfaces non-polaires Al/TiN(0 0 1).

Une brève liste des travaux théoriques dans les dernières années est présentée dans le tableau 2.2. Les conclusions générales de ces études peuvent être tirées :

- Les énergies de surfaces jouent un rôle dominant dans la détermination des travaux d'adhésion des interfaces métal/céramique.
- Le travail d'adhésion des interfaces polaires est plus grand que celui des interfaces non-polaires.
- L'adhésion d'interface du métal avec la céramique qui se termine par un atome métalloïde est plus forte pour les interfaces polaires.

Tableau 2.2 : Travaux théoriques récents sur des interfaces métal/céramique.

Classe	Interface	Propriétés
Oxydes	Ni(1 1 1)/α-Al_2O_3(0 0 0 1) [23]	Adhésion, stabilité
	Al(1 1 1)/α-Al_2O_3(0 0 0 1) [24,22,27]	Adhésion, stabilité, liaison
	Ag(1 1 1)/α-Al_2O_3(0 0 0 1) [24,22]	Adhésion, stabilité, liaison
	Cu(1 1 1)/α-Al_2O_3(0 0 0 1) [24,23]	Adhésion, stabilité, liaison
	Nb(1 1 1)/α-Al_2O_3(0 0 0 1) [41]	Adhésion, structure
	Rh(0 0 1)/MgO(0 0 1) [21]	Adhésion, structure
	Ni(0 0 1)/MgO(0 0 1) [42]	Adhésion
	Ni (Fe)/ZrO_2(0 0 1) [43,46]	Adhésion, structure, liaison
Carbures	Al(0 0 1)/TiC(0 0 1) [37,39]	Adhésion
	Fe(1 1 0)/ZrC(1 0 0) [34]	Adhésion, structure, liaison
	Fe(1 1 0)/TiC(1 0 0) [33]	Adhésion, structure, liaison
	Ti(1 1 0)/TiC(1 1 1) [40]	Adhésion, structure
	Al(1 1 1)/WC(0 0 0 1) [25]	Adhésion, stabilité, liaison
	Al(1 0 0)/VC(1 0 0) [26]	Adhésion, liaison
	Fe(1 1 0)/SiC(1 0 0) [35]	Adhésion, liaison
	Co(0 0 1)/TiC(0 0 1) [29,30,31]	Adhésion, liaison
Nitrures	Al(1 1 1)/TiN(1 1 1) [38]	Adhésion, structure, liaison, stabilité
	Al(0 0 1)/TiN(0 0 1) [39]	Adhésion, structure, liaison
	Al(1 0 0)/VN(1 0 0) [26]	Adhésion, liaison
	Co(0 0 1)/TiN(0 0 1) [30]	Adhésion, liaison
Borures	Al(1 1 1)/TiB_2(0 0 0 1) [44]	Adhésion, structure, liaison, stabilité
Siliciures	Fe(1 1 0)/$MoSi_2$(1 1 0) [36]	Adhésion, structure
	Ni(1 1 1)/$MoSi_2$(1 1 0) [45]	Adhésion, structure

2.4. Conclusion

Les interfaces métal/céramique interviennent dans de nombreuses technologies, où l'on recherche des propriétés électriques, optiques, magnétiques ou mécaniques particulières. Les propriétés mécaniques sont très importantes parce que toutes applications exigent une fiabilité mécanique. Ces propriétés dépendent des caractéristiques des interfaces, comme leur structure atomique, leur adhésion, leur composition, ainsi que la nature des liaisons interfaciales. Dans cette présentation, nous avons tenté de souligner les études théoriques de l'adhésion métal/céramique, ainsi que les progrès réalisés au cours des dernières années. Ces études serviront de référence à notre travail théorique.

Bibliographie

[1] M.W. Finnis, The theory of metal-ceramic interfaces, J. Phys.: Condens. Matter.8 (1996) 5811.

[2] R. M. German, Sintering theory and practice, John Wiley and Sons, Inc., NewYork, 1996.

[3] M. G. Nicholas, Reactive metal brazing of ceramics, Scandinavian Journal of Metallurgy. 20 (1991) 157.

[4] M. G. Nicholas and S. D. Peteves, Reactive Joining; Chemical effects on the formation and properties of brazed and diffusion bonded interfaces, Scripta. Metall. Mater. 31 (1994) 1091.

[5] M. Gerl and J. Issi, Physique des matériaux. Tome 8, 1997.

[6] F. Ernst, Metal-oxide interfaces, Materials Science and Engineering, R14 (1995) 97.

[7] D.M. Lipkin, D.R. Clarke, and A.G. Evans, Effect of interfacial carbon on adhesion and toughness of gold-sapphire interfaces, Acta.mater.46 (1998) 4835.

[8] M.D. Kriese, N.R. Moody, and W.W. Gerberich, Effects of annealing and interlayers on the adhesion energy of copper thin films to SiO_2/Si substrates, Acta. mater. 46 (1998) 6311.

[9] T. Young, Trans. Royal Soc., London 94 (1805) 65.

[10] N. Eustathopoulos, M. G. Nicholas, and B. Drevet, Wettability at High Temperatures, Pergamon, Amsterdam (1999).

[11] C. Li, R.Q. Wu, A. J. Freeman, and C. L. Fu, Energetics, bonding mechanism, and electronic structure of metal–ceramic interfaces: Ag/MgO(001), Phys.Rev. B48 (1993) 8317.

[12] F.Y. Rao, R.Q. Wu, and A.J. Freeman, Bonding Mechanism in Ag/CdO(001), Phys. Rev. B51 (1995) 10052.

[13] C. Li and A. J. Freeman, Giant monolayer magnetization of Fe on MgO: A nearly ideal two dimensional magnetic system, Phys. Rev. B43 (1991) 780.

[14] R.Q. Wu, and A.J. Freeman, Metal-ceramic Interface: Overlayer-induced Reconstruction and Magnetism of 4d Transition Metal Overlayers, Phys. Rev. B 51 (1995) 5408.

[15] T. Hong, J.R. Smith, and D.J. Srolovitz, Metal/ceramic adhesion: A first principles study of MgO/Al and MgO/Ag, J. Adhesion Sci. Technol. 8 (1994) 837.

[16] J.R. Smith, T. Hong, and D.J. Srolovitz, Metal-ceramic adhesion and the Harris functional, Phys. Rev. Lett.72 (1994) 4021.

[17] T. Hong, J.R. Smith, and D.J. Srolovitz, Theory of metal-ceramic adhesion, Acta. Metall. Mater. 43 (1995) 2721.

[18] U. Schönberger, O.K. Andersen, and M. Methfessel, Bonding at metal–ceramic interfaces: ab initio density-functional calculations for Ti and Ag on MgO, Acta metall. mater. 40 (1992) S1.

[19] M.W. Finnis and C. Kruse, Materials at High Temps.12 (1994) 189.

[20] M.W. Finnis, C. Kruse, and U. Schönberger, Ab initio calculations of metal/ceramic interfaces: what have we learned, what can we learn?, Nanostructured Mater. 6 (1995) 145.

[21] S. Nokbin, J. Limtrakul, K. Hermansson, DFT plane-wave calculations of the Rh/MgO(001) interface, Surf. Sci. 566 (2004) 977.

[22] W. Zhang and J. R. Smith, Non stoichiometric interfaces and Al_2O_3 adhesion with Al and Ag, Phys. Rev. Lett.85 (2000) 3225.

[23] W. Zhang, J.R. Smith, A.G. Evans, The connection between ab initio calculations and interface adhesion measurements on metal/oxide systems: Ni/Al_2O_3 and Cu/Al_2O_3, Acta. Mater.50 (2002) 3803.

[24] S.V. Eremeev, S. Schmauder, S. Hocker, S.E. Kulkova, Investigation of the electronic structure of Me/Al_2O_3 (0001) interfaces, Physica B. 404 (2009) 2065.

[25] D.J. Siegel, L.G. Hector Jr., and J.B. Adams, Adhesion, stability, and bonding at metal/metal-carbide interfaces: Al/WC, Surf. Sci. 498 (2002) 321.

[26] D.J. Siegel, L.G. Hector Jr., and J.B. Adams, First-principles study of metal–carbide/nitride adhesion: Al/VC vs. Al/VN, Acta Mater. 50 (2002) 619.

[27] D.J. Siegel, L.G. Hector Jr., and J.B. Adams, Adhesion, atomic structure, and bonding at the Al (111)/α-Al_2O_3 interface: a first-principles study, Phys. Rev. B. 65 (2002) 085415.

[28] D.J. Siegel, L.G. Hector Jr., and J.B. Adams, Ab initio study of Al-ceramic interfacial adhesion, Phys. Rev. B 67 (2003) 092105.

[29] S.V. Dudiy, J. Hartford, and B. I. Lundqvist, Nature of Metal-Ceramic Adhesion: Computational Experiments with Co on TiC, Phys. Rev. Lett.85 (2000) 1898.

[30] S.V. Dudiy and B.I. Lundqvist, First-principles density-functional study of metal-carbonitride interface adhesion: Co/TiC(001) and Co/TiN(001), Phys. Rev. B64 (2001) 045403.

[31] S.V. Dudiy, Effects of Co magnetism on Co/TiC(001) interface adhesion: a first-principles study, Surf. Sci. 497 (2002) 171.

[32] M. Christensen, S.V. Dudiy, and G. Wahnstrom, First-principles simulations of metal-ceramic interface adhesion: Co/WC versus Co/TiC, Phys. Rev. B65 (2002) 045408.

[33] A. Arya and Emily A. Carter, Structure, bonding, and adhesion at the TiC(100)/Fe(110) interface from first principles, Journal of Chemical Physics, 118 (2003) 8982.

[34] A. Arya, Emily A. Carter. Structure, bonding, and adhesion at the ZrC(100)/Fe(110) interface from first principles. Surf.Sci. 560 (2004) 103.

[35] D.F. Johnson, Emily A. Carter. Bonding and Adhesion at the SiC/Fe Interface. J. Phys. Chem. A 113 (2009) 4367.

[36] D.E. Jiang, E. A. Carter. Prediction of strong adhesion at the $MoSi_2$/Fe interface.Acta Mater.53 (2005) 4489.

[37] L.M. Liu, S.Q. Wang, H.Q. Ye, Adhesion and bonding of the Al/TiC interface, Surf. Sci. 550 (2004) 46.

[38] L.M. Liu, S.Q. Wang, H.Q. Ye. First-principles study of polar Al/TiN(111) interfaces. Acta Mater 52 (2004) 3681.

[39] L.M. Liu, S.Q. Wang, H.Q. Ye, Adhesion of metal–carbide/nitride interfaces: Al/TiC and Al/TiN, J. Phys.: Condens. Matter 15 (2003) 8103.

[40] L.M. Liu, S.Q. Wang, H.Q. Ye, First-principles study of the polar TiC/Ti interface, J. Mater SciTechnol 19 (2003) 540.

[41] W. Zhang, J.R. Smith, Structure and adhesion of Nb/α-Al_2O_3.Phys. Rev. B 61 (2000) 16883.

[42] D. Matsunaka, Y. Shibutani. Effects of oxygen vacancy on adhesion of incoherent metal/oxide interface by first-principles calculations. Surf.Sci. 604 (2010) 196.

[43] S.V. Eremeev, S. Schmauder, S. Hocker, S.E. Kulkova. Ab-initio investigation of Ni(Fe)/ZrO_2 (0 0 1) and Ni–Fe/ZrO_2(0 0 1) interfaces. Surf.Sci. 603 (2009) 2218.

[44] Y. Han, Y. Dai, D. Shu, J. Wang, B. Suna, First-principles calculations on the stability of Al/TiB_2 interface, Appl. Phys. Lett. 89 (2006) 144107.

[45] D.F. Johnson, Emily A. Carter. Structure and adhesion of $MoSi_2$/Ni interfaces: Evaluation of $MoSi_2$ as an alternative bond coat alloy. Surf.Sci. 603 (2009) 1276.

[46] M.C. Muñoz, S. Gallego, J.I. Beltrán, J. Cerdá, Adhesion at metal–ZrO_2 interfaces, Surface Science Reports 61 (2006) 303.

Chapitre 3

Aperçu sur le cadre théorique

3.1. Introduction

Les méthodes de type *ab initio* sont basées sur la résolution de l'équation de Schrödinger. Ces méthodes permettent de déterminer les grandeurs physiques et chimiques d'un système telles que sa structure électronique, son énergie d'ionisation. La résolution de l'équation de Schrödinger multi-particule étant très complexe, sa simplification en un système d'équations mono-particules est plus aisée à résoudre numériquement, notamment grâce à quelques approximations. Dans ce chapitre, les principales méthodes de résolution de ces équations seront brièvement exposées. Dans la suite, la méthode sur laquelle repose le code VASP utilisé dans ce travail sera présentée.

3.2. Equation de Schrödinger

Le point de départ pour étudier les propriétés électroniques des matériaux d'un point de vue théorique est la résolution de l'équation de Schrödinger dépendante du temps :

$$H\psi(\{r_i\},\{R_I\},t) = i\hbar\frac{\partial}{\partial t}\psi(\{r_i\},\{R_I\},t) \tag{3.1}$$

Le système étant décrit à l'aide d'une fonction d'onde multi-particule $\psi(\{r_i\},\{R_I\},t)$, où l'ensemble $\{r_i\}$ contient les variables décrivant la position des électrons, et $\{R_I\}$ celles décrivant la position des noyaux, H est l'hamiltonien du système.
La fonction d'onde du système comporte un grand nombre de degrés de liberté, et son état fondamental peut être obtenu à partir de l'équation de Schrödinger indépendante du temps (état stationnaire) [1] :

$$H\psi(\{r_i\},\{R_I\}) = E\psi(\{r_i\},\{R_I\}) \tag{3.2}$$

Où E est l'énergie de l'état fondamental décrit par la fonction propre ψ. Généralement, l'opérateur hamiltonien s'écrit :

$$H = T_e(r) + T_N(R) + V_{ee}(r) + V_{NN}(R) + V_{Ne}(r,R) \tag{3.3}$$

Où T_e et T_N sont les opérateurs d'énergie cinétique des électrons et des noyaux, V_{ee} et V_{NN} sont les opérateurs d'énergie de répulsion entre électrons et entre noyaux, V_{Ne} est l'opérateur d'énergie d'attraction entre noyaux et électrons. Ces opérateurs peuvent s'écrire (en unités électrostatiques tel que $4\pi\varepsilon_0 = 1$) :

$$T_e(r) = -\frac{\hbar}{2m}\sum_i^N \nabla_i^2 \quad \text{et} \quad T_N(R) = -\frac{\hbar}{2M}\sum_I^A \nabla_I^2 \tag{3.4}$$

$$V_{ee}(r) = \sum_{i<j} \frac{e^2}{|r_i - r_j|} \quad \text{et} \quad V_{NN} = \sum_{I<J} \frac{Z_I Z_J e^2}{|R_I - R_J|} \tag{3.5}$$

$$V_{Ne}(r, R) = \sum_{i,I} \frac{Z_I e^2}{|r_i - R_I|} \tag{3.6}$$

Où $\hbar = h/2\pi$ et h la constante de Planck, m la masse d'un électron, M la masse du noyau et Z sa charge.

L'équation (3.3) peut ensuite être simplifiée grâce à l'approximation de *Born-Oppenheimer* (BO) qui découple le mouvement des électrons et des noyaux en subdivisant le système en deux sous-systèmes appariés : l'un pour les électrons, et l'autre pour les noyaux [2] :

$$\psi \approx \psi_{BO} = \psi_{élec} \times \psi_{noyaux} \tag{3.7}$$

En effet, la masse des électrons étant bien plus faibles que celle des protons, on peut considérer qu'ils se réorganisent instantanément pour une position donnée des noyaux. Ainsi, pour les deux termes de l'équation (3.3) ne dépendant que des noyaux, T_N peut être négligée et V_{NN} est constant. On peut alors résoudre l'équation de Schrödinger pour cette position des noyaux.

Les hamiltoniens électronique et nucléaire ainsi obtenus s'écrivent :

$$H_{élec} = T_e(r) + V_{ee}(r) + V_{Ne}(r, R) \tag{3.8}$$

$$H_{noyaux} = T_N(R) + V_{NN}(R) \approx V_{NN}(R) \tag{3.9}$$

L'approximation de *Born-Oppenheimer* constitue une première simplification qui permet de voir le solide comme un ensemble d'électrons en interaction baignant dans le potentiel d'un ensemble de noyaux considérés comme statiques. Pour autant, la résolution de l'équation de Schrödinger demeure très complexe dans la plupart des cas et requiert généralement d'autres types d'approximations basées sur les théories de champ moyen dans lesquelles les électrons sont considérés comme indépendants et dont l'un des exemples les plus connus est l'approximation de *Hartree-Fock* [3].

Cependant, une autre approche pour résoudre le problème est l'utilisation de la densité électronique comme l'inconnue plutôt que la fonction d'onde électronique qui comporte 3 fois autant de variables que le système contient d'électrons (sans tenir compte des variables de spin). Il s'agit des méthodes *ab initio* basées la théorie de la fonctionnelle de la densité.

3.3. Théorie de la fonctionnelle de la densité

La théorie de la fonctionnelle de la densité, DFT pour '*Density Functional Theory*', est l'une des méthodes les plus largement utilisées dans les calculs *ab initio* de la structure d'atomes, de molécules, de cristaux et de surfaces. Une première approche a été proposée par *Thomas* et *Fermi* dans les années 1920 [4, 5]. Un pas important a été franchi dans l'étude de la structure électronique avec la formulation de cette théorie par *Hohenberg* et *Kohn* [6].

3.3.1. Principes de base

Comme mentionné précédemment, *Thomas* et *Fermi* ont été les premiers à proposer un modèle basé sur l'utilisation de la densité électronique comme variable fondamentale pour décrire les propriétés du système. Mais ce modèle comportait quelques points faibles, car quantitativement il décrivait mal les propriétés des molécules et des solides. Environ quarante ans plus tard, d'autres pionniers comme *Slater*, *Hohenberg* et *Kohn* ont proposé une théorie exacte et plus élaborée. Ils ont formellement établi la densité électronique comme la quantité décrivant le système électronique, et ont établi la DFT comme étant la méthode qui détermine la densité de l'état fondamental. C'est une méthode qui a le double avantage de pouvoir traiter de nombreux types de problèmes et d'être suffisamment précise.

3.3.2. Les théorèmes de Hohenberg et Kohn

Les théorèmes de *Hohenberg-Kohn* [6] sont relatifs à tout système d'électrons (fermions) dans un champ externe $V_{ext}(r)$ tel que celui induit par les noyaux. Ces théorèmes sont les suivants :

- Théorème 1 : *Pour un système d'électrons en interaction, le potentiel externe $V_{ext}(r)$ est uniquement déterminé, à une constante près, par la densité électronique de l'état fondamental $\rho_0(r)$. Toutes les propriétés du système sont déterminées par la densité électronique de l'état fondamental $\rho_0(r)$.*

- Théorème 2 : *L'énergie totale du système peut alors s'écrire comme une fonctionnelle de la densité électronique,* $E = E[\rho]$, *et le minimum de l'énergie totale du système correspond à la densité exacte de l'état fondamental* $\rho(r) = \rho_0(r)$ (principe variationnel). Les autres propriétés de l'état fondamental sont aussi fonction de cette densité électronique de cet état.

Une extension de ces propriétés à un système polarisé est faisable, à la condition que E devienne une fonctionnelle des deux états de spin : $E[\rho] = E[\rho_\uparrow, \rho_\downarrow]$.

Sous cette forme, l'applicabilité et l'utilité de la DFT dépend de la forme de la fonctionnelle de densité $E[\rho]$, dont les deux théorèmes précédents ne donnent aucune indication. Il est alors nécessaire de trouver des approximations suffisamment « exactes » permettant de traiter $E[\rho]$.

3.3.3. Les équations de Kohn et Sham

Les équations de *Kohn-Sham* publiées en 1965 [7], ont permis de faire de la DFT un outil pratique pour obtenir l'énergie de l'état fondamental d'un système électronique. Leur formulation est basée sur l'idée suivante :

- *Le gaz électronique peut être décrit par des particules fictives sans interactions, représentées par des fonctions d'onde mono-particules* $\psi_i(r)$, *telles que le gaz de particules fictives présente à l'état fondamental la même densité électronique, donc la même énergie* $E[\rho]$ *que le gaz électronique réel.*

$$H_{KS}\psi_i = [T_e(r) + V_{eff}(r)]\psi_i = \varepsilon_i \psi_i \qquad (3.10)$$

Où $T_e(r)$ est l'opérateur énergie cinétique des particules fictives sans interaction et ε_i l'énergie de l'état $\psi_i(r)$. Les particules fictives subissent un potentiel effectif $V_{eff}(r)$, somme de trois potentiels :

$$V_{eff}(r) = V_{ext}(r) + V_H(r) + V_{XC}(r) \qquad (3.11)$$

$V_H(r)$ est le potentiel de Hartree ou potentiel d'interaction coulombienne classique entre les particules de gaz électronique et $V_{XC}(r)$ est le potentiel d'échange-corrélation.

Ces deux termes s'expriment très simplement en fonction de la densité électronique :

$$V_H(r) = e^2 \int \frac{\rho(r')}{|r - r'|} d^3 r' \tag{3.12}$$

$$V_{XC}(r) = \frac{\delta E_{XC}[\rho]}{\delta \rho(r)} \tag{3.13}$$

Les théorèmes de *Hohenberg* et *Kohn* ainsi que le développement amenant aux équations mono-particules de *Kohn* et *Sham* sont parfaitement rigoureux et sont obtenus sans avoir recours à des approximations. Cependant, la fonctionnelle d'échange-corrélation $V_{XC}(r)$ apparaissant dans les équations rend toute résolution exacte impossible, sa forme analytique étant inconnue.

3.3.4. Formulation de l'échange-corrélation $V_{XC}(r)$

Ce potentiel est la clé de voûte de la théorie de la fonctionnelle de la densité puisqu'il permet de compenser la perte d'information sur les propriétés d'échange et de corrélation du gaz électronique induite par le passage d'une fonction d'onde réelle multi-particules à des fonctions d'onde fictives mono-particules sans interactions par la méthode de *Kohn-Sham*.

Dans un gaz électronique réel, les électrons présentant des spins parallèles subissent une répulsion liée au principe d'exclusion de Pauli. La réduction d'énergie du gaz électronique réel vis-à-vis d'un gaz électronique qui ne présenterait que des interactions coulombiennes est appelée *énergie d'échange*.

L'énergie du système peut encore être modifiée en augmentant la distance de séparation des électrons présentant des spins antiparallèles. Cependant, la diminution des interactions coulombiennes s'accompagne d'une augmentation de l'énergie cinétique du gaz électronique. La différence d'énergie entre cet ensemble de particules réelles et le gaz de particules diminué seulement de l'énergie d'échange (gaz de Hartree-Fock) est appelée *énergie de corrélation*.

A partir des équations (2.8), (2.10) et (2.11) on peut exprimer simplement $V_{XC}(r)$:

$$V_{XC}(r) = [T_e(r) - T_e'(r)] + [V_{\text{int}}(r) - V_H(r)] \tag{3.14}$$

$V_{XC}(r)$ est donc la différence d'énergie cinétique et d'énergie interne entre le gaz électronique réel et le gaz fictif pour lequel les interactions entre électrons sont limitées au terme classique de Hartree. Les interactions coulombiennes étant de longue portée, $V_{XC}(r)$ est une grandeur physique locale.

L'efficacité de l'approche de *Kohn-Sham* dépend entièrement de la capacité du physicien à calculer aussi précisément que possible $V_{XC}(r)$ dont l'expression analytique est inconnue dans le cas général.

3.3.5. Fonctionnelles de la densité électronique

L'expression de la fonctionnelle de la densité V_{XC} et donc l'énergie qui s'y rapporte E_{XC} est inconnue. Cependant, de nombreux travaux proposent une forme approchée de cette fonctionnelle, et la recherche d'une fonction toujours plus proche de la véritable fait l'objet de nombreuses recherches [8].

L'approximation introduite par *Kohn* et *Sham* repose sur la formulation d'un gaz homogène électronique en interaction, c'est l'approximation de la densité électronique locale, LDA pour '*Local Density Approximation*'.

En supposant que l'énergie d'échange-corrélation par électron dans le gaz réel (à priori inhomogène), $\varepsilon_{XC}(\rho)$, soit égale à l'énergie d'échange-corrélation par électron dans le gaz homogène de même densité $\rho(r)$, $\varepsilon_{XC}^{\hom}(\rho)$, alors l'énergie totale d'échange-corrélation du gaz réel peut s'écrire :

$$E_{XC}^{LDA}[\rho] = \int \rho(r)\varepsilon_{XC}(\rho)dr \quad (3.15)$$

$$\varepsilon_{XC}(\rho) = \varepsilon_X(\rho) + \varepsilon_C(\rho) \quad (3.16)$$

La partie échange est calculée via la fonctionnelle d'énergie d'échange formulée par *Dirac* :

$$\varepsilon_X(\rho) = -\frac{3}{4}\left(\frac{3}{\pi}\rho(r)\right)^{1/3} \quad (3.17)$$

La partie corrélation, plus complexe, est évaluée de différentes façons. Par exemple à l'aide de calculs Monte-Carlo quantiques. De nombreuses formes sont proposées dans la littérature [8-11].

Afin de rendre compte des effets de polarisation de spin, le principe de la LDA a été par la suite généralisé pour donner la LSDA '*Local Spin Density Approximation*', en modifiant la fonctionnelle de la densité pour prendre en compte les deux états de spin :

$$E_{XC}^{LSDA}[\rho_{\uparrow},\rho_{\downarrow}]=\int \rho(r)\varepsilon_{XC}(\rho_{\uparrow},\rho_{\downarrow})dr \tag{3.18}$$

Bien qu'elle soit très performante, le problème de l'approximation de la densité locale est qu'elle ne convient pas pour décrire des systèmes contenant de fortes délocalisations électroniques. De plus certaines erreurs, du fait que les densités électroniques ne sont généralement pas uniformes localement, sont systématiques ; par exemple dans le cas des cristaux, la LDA a tendance à sous-estimer les longueurs de liaison et à conduire àdes énergies de cohésion trop importantes.

Cependant, on peut introduire une prise en compte de ces variations en utilisant l'approximation du gradient généralisé, GGA pour '*Generalized Gradient Approximation*'. On considère alors un gaz d'électron uniformément variant. La GGA tient compte du gradient de la densité électronique pour étendre le terme purement local pris en considération par la LDA, en remplaçant la fonction $\varepsilon_{XC}(\rho)$ par une fonction locale doublement paramétrée par la densité et l'amplitude de son gradient $\varepsilon_{XC}(\rho,|\nabla\rho|)$:

$$E_{XC}^{GGA}[\rho]=\int \rho(r)\varepsilon_{XC}(\rho,|\nabla\rho|)dr \tag{3.19}$$

Ou encore

$$E_{XC}^{GGA}[\rho_{\uparrow},\rho_{\downarrow}]=\int f(\rho_{\uparrow},\rho_{\downarrow},\nabla\rho_{\uparrow},\nabla\rho_{\downarrow})dr \tag{3.20}$$

De même que précédemment, on peut séparer les termes d'échange et de corrélation. Plusieurs expressions des énergies d'échange et de corrélation ont été proposées. En principe, il est possible de les conjuguer à volonté mais, en pratique, seules quelques combinaisons sont utilisées. On retiendra plus particulièrement la fonctionnelle de corrélation de Lee, Yang et Par (LYP) [12] et la fonctionnelle d'échange de Becke (B88) [13] ainsi que la fonctionnelle d'échange-corrélation proposée par Perdew et Wang (PW91) [14] que nous utiliserons dans nos calculs. L'approximation GGA a fait ses preuves dans de très nombreux cas et est connue pour donner de meilleurs résultats que la LDA, notamment pour les systèmes magnétiques.

Les systèmes avec des fortes variations de densité électronique sont ainsi décrits plus correctement.

Plus récemment, des améliorations de la GGA ont été proposées afin de mieux décrire les interactions à plus longue distance. En méta-GGA, le second ordre du gradient de la densité électronique est également introduit en tant que paramètre d'entrée [15]. Enfin, en hyper-GGA, l'échange exact est introduit dans le but de permettre un traitement de la corrélation plus fin.

3.4. Méthode utilisée

3.4.1. Pseudo-potentiels et ondes planes

L'approche du pseudo-potentiel (PP) utilise une description quantique des interactions électroniques, dans le cadre de la DFT. Elle est basée sur un couplage d'ondes planes et de PP, via une technique de transformée de Fourier. Cette méthode est extrêmement précise, et raisonnablement rapide (faisant abstraction des électrons de cœur) pour la modélisation des matériaux. Dans les méthodes PP, les forces agissant sur les atomes au sein de la maille peuvent être calculées une fois que la description des interactions électroniques est achevée. L'état fondamental du système est alors déterminé. Plusieurs codes ont été créés dans ce cadre tels que CASTEP [16], SIESTA [17], ABINIT [18],...et le code VASP [19] utilisée dans ce travail.

Le code VASP (*Vienna Ab initio Simulation Package*) est créé par l'équipe du Professeur Jürgen Hafner (Université de Technologie de Vienne en Autriche). Nous l'avons utilisé pour optimiser les géométries des différents modèles de surfaces et d'interfaces. Les calculs sont basés sur des PP dits *ultra-doux* et PAW construits dans le cadre des deux fonctionnelles principales de la DFT : LDA et GGA. Le formalisme général des méthodes PP est l'objet des paragraphes suivant.

3.4.1.1. Théorème de Bloch et ondes planes

Le théorème de Bloch [20] stipule que dans un cristal parfait, à 0°K, les atomes sont arrangés de manière parfaitement périodique. Cette périodicité est aussi caractéristique du potentiel cristallin, de sorte qu'en un point quelconque r, on peut écrire : $v(r) = v(r + R)$, avec

R un vecteur du réseau direct. La fonction d'onde (ψ_i), en fonction des vecteurs de l'espace réciproque, peut alors s'exprimer :

$$\psi_i(r) = e^{ik.r} f_i(r) \tag{3.21}$$

Où k est un vecteur d'onde de l'espace réciproque. Le deuxième terme de cette équation est la fonction d'onde périodique au sein de la cellule unitaire. Elle peut être développée en série d'ondes planes, avec des vecteurs d'ondes du réseau réciproque comme suit :

$$f_i(r) = \sum_G C_G(k) e^{iG.r} \tag{3.22}$$

En combinant les équations (3.21) et (3.22) on obtient la fonction d'onde mono-particule écrite comme une somme d'ondes planes :

$$\psi_i(r) = \sum_G C_G(k) e^{i(k+G).r} \tag{3.23}$$

Pour décrire une fonction d'onde mono-particule, il faudrait logiquement un nombre infini d'ondes planes.
Néanmoins, en pratique, ce nombre est limité par une énergie de coupure notée E_{cut}. Cette énergie de coupure permet de limiter la base aux ondes planes dont le vecteur $K+G$ vérifie :

$$\frac{\hbar}{2m}|K+G|^2 \leq E_{cut} \tag{3.24}$$

Où m est la masse de l'électron. Plus E_{cut} est grande, plus la base est étendue mais plus le temps de calcul est important.

3.4.1.2. Intégration de la zone de Brillouin et points k

Le théorème de Bloch a permis de simplifier un système infini d'équations en un système fini mais pour un nombre infini de points k. Pour calculer l'énergie du système, il faut intégrer la zone de Brillouin (ZB). Pour une intégration précise, il faut échantillonner la ZB le plus finement possible. Ceci nécessite l'utilisation d'un maillage très dense, ce qui allonge considérablement le temps de calcul. Pour diminuer le nombre de points d'intégration, on peut utiliser les symétries du système. La méthode d'échantillonnage la plus répandue est celle proposée par Monkhorst et Pack [21] qui permet d'obtenir une grille uniforme de points k de dimension choisie.

En pratique, le choix du maillage en points k est un point crucial de chaque calcul. Ces points appartiennent au réseau réciproque dont la taille est inversement proportionnelle au réseau direct. Donc, plus ce dernier est grand moins le réseau réciproque l'est, le nombre de points k nécessaire pour un bon échantillonnage est donc plus faible. Par contre, dans le cas où le réseau direct est de petite dimension, le réseau réciproque sera grand et le nombre de points k devra donc être plus important pour intégrer la ZB correctement. De plus, le nombre de points k dans une direction de l'espace doit également être proportionnel à celui des autres directions. Par exemple, si dans une direction la maille est deux fois plus grande que dans une autre il faudra deux fois moins de points k. Ceci est pour garder une répartition spatiale des points k la plus uniforme possible.

3.4.1.3. Approximations générales

Dans la plupart des systèmes, les électrons du cœur sont souvent très liés aux noyaux. Par rapport à ceux de valence, les électrons du cœur ont une réponse lente à des sollicitations extérieures. A partir de ces observations, le cœur électronique peut être considéré comme immobile : c'est l'approximation dite du *cœur gelé* (*frozen core approximation*). Par ailleurs, la méthode à base de pseudo-potentiel respecte les approximations suivantes :

1. Le potentiel fort du cœur est remplacé par un pseudo-potentiel dont la fonction d'onde de l'état de base ψ_{pseudo} reproduit la fonction d'onde tous-électron en dehors d'un rayon de cœur (rayon de coupure r_c) choisi. Ceci permet d'éliminer les états de cœur et l'orthogonalisation dans les fonctions d'ondes de valence. La figure 3.1 schématise ce principe.
2. Les pseudo-fonctions d'ondes résultantes ψ_{pseudo} sont souvent assez lisses pour de nombreux éléments, et peuvent donc être décrites en utilisant des ondes planes à faibles G. Les ondes planes deviennent ainsi une base simple et efficace de ψ_{pseudo}.
3. Les pseudo-potentiels doivent être générés. Cela constitue la partie la plus complexe, plus que le calcul lui-même, dans ces méthodes.

Trois grandes familles de pseudo-potentiels ont ainsi été créées : les pseudo-potentiels standards dits « à norme conservée », les pseudo-potentiels de Vanderbilt appelés ultra-doux (*ultra-soft*) [22] et les pseudo-potentiels projetés PAW (*Projector Augmented Waves*) [23] qui ne conservent pas la norme.

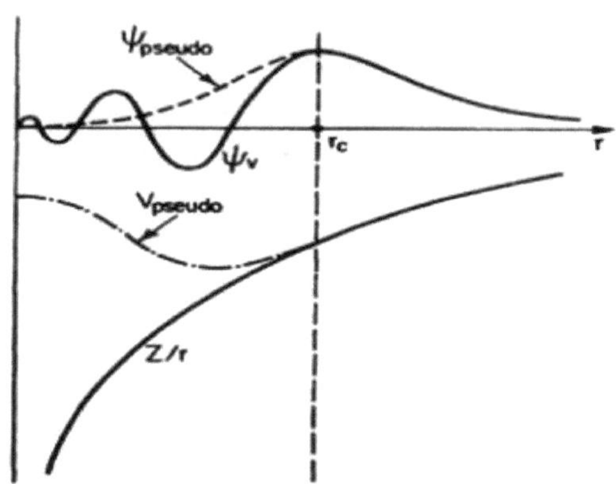

Figure 3.1 : Illustration schématique du potentiel réel en Z/r et du pseudo-potentiel V_{pseudo}, ainsi que de leurs fonctions d'onde associées, ψ_V et ψ_{pseudo} respectivement. Les grandeurs réelles sont représentées en traits pleins, les pseudo-grandeurs en pointillés. Le rayon de coupure r_c est matérialisé par la ligne verticale en pointillés.

Pseudo-potentiels à normes conservées

Pour qu'un pseudo-potentiel soit utilisable, il faut que sa densité puisse reproduire, de façon aussi précise que possible, la densité de valence. D'autre part, un pseudo-potentiel est valable s'il est *doux* et *transférable*. Le terme doux veut dire que le développement des pseudo-fonctions de valence doit s'effectuer avec un petit nombre d'ondes planes. Pour la transférabilité, elle signifie qu'un pseudo-potentiel généré pour une configuration atomique particulière, devrait permettre de reproduire d'autres configurations de manière précise. C'est un point très important, notamment dans le cas des solides où les potentiels qui règnent sont différents. Les conflits qui apparaissent dans ces caractéristiques des pseudo-potentiels peuvent être résolus en utilisant la notion de *conservation de norme* [24, 25]. Dans cette démarche, les pseudo-potentiels sont construits de sorte à ce qu'ils soient égaux aux fonctions d'ondes réelles en dehors d'un certain rayon de coupure. Cependant, si $r \leq r_c$ les fonctions diffèrent des fonctions réelles, mais leurs normes sont imposées à être identiques.

$$\int_0^{r_c} dr r^2 \psi^*_{pseudo}(r)\psi_{pseudo}(r) = \int_0^{r_c} dr r^2 \psi^*_v(r)\psi_v(r) \tag{3.25}$$

La conservation de la norme trouve ses limites dans l'étude des systèmes ayant des orbitales de valence localisées (plusieurs ondes planes sont nécessaires pour les décrire au voisinage du noyau).

D'autres classes de pseudo-potentiels ont été proposées pour contourner la contrainte de conservation de la norme. Ce sont les pseudo-potentiels à norme non conservée ou relaxée.

Pseudo-potentiels ultra-doux (US-PP)

En 1990, David Vanderbilt [22] introduit une nouvelle approche dans laquelle les pseudo-fonctions d'ondes sont contraintes à être égales aux fonctions d'ondes tous-électrons au-delà de r_c. Cela permet d'avoir des pseudo-fonctions les plus douces possibles à l'intérieur, mais au détriment de la conservation de la norme. Par conséquent, de grandes valeurs de r_c peuvent être utilisées, permettant ainsi de réduire considérablement le rayon de coupure de l'onde plane nécessaire au calcul. Néanmoins, les défauts suivants doivent être pris en compte :

1. Les pseudo-fonctions d'ondes ne sont pas normalisées, puisqu'elles sont identiques aux fonctions d'ondes tous-électron dans l'espace interstitiel (donc même norme) mais différent dans le cœur. Ceci introduit un recouvrement non-diagonal dans l'équation séculaire.
2. La densité de pseudo-charge n'est pas calculée en résolvant $\sum \psi^* \psi$, comme dans la méthode de conservation de la norme. Un terme augmenté doit être ajouté dans la région de cœur.
3. L'abandon de la conservation de la norme entraîne une baisse de la transférabilité des pseudo-potentiels.

Les pseudo-potentiels proposés par Vanderbilt ont été présentés pour une utilisation dans des calculs à grandes échelles, pour lesquels le coût de génération des PP est quasiment négligeable face au coût des calculs. Dans le schéma de Vanderbilt, l'énergie totale est exprimée de la façon suivante :

$$E = \sum_{occ} \langle \psi_j | T + V^{NL} | \psi_j \rangle + \int d^3 r V^L(r) \rho(r) + \frac{1}{2} \int d^3 r d^3 r' \frac{\rho(r)\rho(r')}{|r - r'|} + V_{XC}[\rho] + V_{ion} \tag{3.26}$$

Où T est l'opérateur énergie cinétique, V^L la constante locale du PP et ψ_j les pseudo-fonctions d'ondes. La composante non locale du PP est V^{NL}, qui est décrit par une somme de coefficients représentés par des fonctions harmoniques sphériques et radiales. La densité de pseudo-charge est exprimée par le carré des pseudo-fonctions et une augmentation des sphères.

En appliquant le principe variationnel, le déterminant séculaire s'écrit :

$$H|\psi_j\rangle = \varepsilon_j S |\psi_j\rangle \tag{3.27}$$

Avec

$$H = T + V_{XC}(r) + V_H(r) + V^L(r) + V^{NL}(r) \tag{3.28}$$

Pseudo-potentiels et onde augmentée (PAW)

Peter Blöchl développa en 1994 l'algorithme PAW [23] en combinant les principes des méthodes à base de pseudo-potentiels d'une part et à base d'onde plane augmentée linéarisée (*linear augmented plane wave* – LAPW) d'autre part. Dans le contexte de PAW, la fonction d'onde est décrite en superposant différents termes : (i) une onde plane, (ii) une pseudo-fonction d'onde, et (iii) des orbitales étendues, atomiques et pseudo-atomiques.

Le terme (i) permet de décrire les régions liantes et les traces de la fonction d'onde. Néanmoins, l'utilisation de ce terme seul requiert une grande base afin de décrire d'une façon correcte toutes les oscillations de la fonction d'onde près du noyau. Ce dernier aspect est reproduit fidèlement par le terme (iii) auquel manque la considération des degrés variationnels de liberté et des traces. La méthode PAW regroupe alors tous les aspects précédents dans une base bien définie.

Afin d'éviter un effort calculatoire double (ondes plane et orbitales atomiques) la méthode PAW ne détermine pas les coefficients des orbitales atomiques dans le cadre variationnel. En outre, ces dernières sont traitées comme des fonctions uniques des coefficients de l'onde plane. L'énergie totale ainsi que les autres quantités fournies par le calcul sont composées de trois contributions dues respectivement à l'onde plane et à une paire d'orbitales atomiques étendues. Les contributions dues aux orbitales atomiques sont attribuées à chaque atome. Ceci implique qu'il n'existe pas de recouvrement entre les orbitales atomiques des différents sites réduisant alors l'effort calculatoire.

Il est important de signaler que la fonction d'onde des états de cœur dans les potentiels PAW est exprimée de la manière suivante :

$$\left|\psi^{c}\right\rangle = \left|\psi^{c}_{pseudo}\right\rangle + \left|\phi^{c}\right\rangle - \left|\phi^{c}_{pseudo}\right\rangle \tag{3.29}$$

Où $\left|\psi^{c}_{pseudo}\right\rangle, \left|\phi^{c}\right\rangle$ et $\left|\phi^{c}_{pseudo}\right\rangle$ sont respectivement la pseudo-fonction d'onde de cœur, la fonction d'onde tous-électrons du potentiel du cœur et la pseudo-fonction d'onde partielle des états de cœur.

En principe, la méthode PAW permet de traiter des états semi-cœur comme états de valence fournissant alors de meilleurs résultats que les PP *ultra-doux* dans l'étude des systèmes magnétiques [26]. Néanmoins les potentiels PAW sont généralement moins *doux* que les PP *ultra-doux*.

Bibliographie

[1] E. Schrödinger, An Undulatory Theory of the Mechanics of Atoms and Molecules, Phys. Rev. 28 (1926) 1049.

[2] M. Born et R. Oppenheimer, Zur Quantentheorie der Molekeln,Ann. Physik 389 (1927) 457.

[3] J.-L. Rivail, Eléments de chimie quantique à l'usage des chimistes, 2ième éd., CNRS Edition (1999).

[4] L. H. Thomas, The calculation of atomic field,Proc. Camb. Phil. Soc. 23 (1927) 542.

[5] E. Fermi, Z. Physik 48 (1928) 73.

[6] P. Hohenberg, W. Kohn, Inhomogenous Electron Gas,Phys. Rev. 136 (1964) B864.

[7] W. Kohn, L.J. Sham,Self-Consistent Equations Including Exchange and Correlation Effects, Phys. Rev. 140 (1965) A1133.

[8] P.H.T. Philipsen, E.J. Baerends, Cohesive energy of 3d transition metals: Density functional theory atomic and bulk calculations, Phys. Rev. B, 54 (1996) 5326.

[9] D.M. Ceperley, B.J. Alder, Ground State of the Electron Gas by a Stochastic Method, Phys. Rev. Lett. (1980) 566.

[10] S.H. Vosko, L. Wilk, M. Nusair, Accurate spin-dependent electron liquid correlation energies for local spin density calculations: a critical analysis, Can. J. Phys. 58 (1980) 1200.

[11] J.P. Perdew, A. Zunger, Self-interaction correction to density-functional approximations for many-electron systems,Phys. Rev. B 23 (1981) 5048.

[12] C. Lee, W. Yang, and R.G. Parr, Development of the Colle-Salvetti correlation-energy formula into a functional of the density, Phys. Rev. B37 (1988) 785.

[13] A.D. Becke, Density-functional exchange-energy approximation with correct asymptotic behavior, Phys. Rev. A 38 (1988) 3098.

[14] J.P. Perdew, J.A. Chevary, S.H. Vosko, K.A. Jackson, M.R. Pederson, D.J. Singh, and C. Fiolhais, Atoms, molecules, solids and surfaces: Applications of the generalized gradient approximation for exchange and correlation, Phys. Rev. B46 (1992) 6671.

[15] J.P. Perdew, S. Kurth, A. Zupan, P. Blaha, Accurate density functional with correct formal properties: a step beyond the generalized gradient approximation, Phys. Rev. Lett. 82 (1999) 2544.

[16] http ://www.castep.org

[17] http ://www.icmab.es/siesta/

[18] http ://www.abinit.org

[19] http ://cms.mpi.univie.ac.at/vasp/

G. Kresse, J. Furthmüller, Phys. Rev. B 54 (1996) 11169.

G. Kresse, J. Furthmüller, Comput. Mater. Sci. 6 (1996) 15.

G. Kresse, D. Joubert, Phys. Rev. B 59 (1999) 1758

[20] N.W. Ashcroft, N.D. Mermin, Solid State Physics. Saunders College Publishing, Florida, 1976.

[21] H.J. Monkhorst, J.D. Pack, On Special Points for Brillouin Zone Integrations, Phys. Rev. B 13 (1976) 5188.

[22] D. Vanderbilt, Soft self-consistent pseudopotentials in a generalized eigenvalues formalism, Phys. Rev. B 41 (1990) 7892.

[23] P.E. Blöchl, Projector augmented-wave method, Phys. Rev. B 50 (1994) 17953.

[24] W.C. Toop, J.J. Hopfield, Phys. Rev. B 7 (1974) 1295.

[25] T. Strakloff, D.J. Joannolpoulos, Phys. Rev. B 16 (1977) 5212.

[26] G. Kresse, D. Joubert, From ultrasoft pseudopotentials to the projector augmented-wave method, Phys. Rev. B 59 (1999) 1758.

Chapitre 4

L'interface Al(001)/Mo$_2$B(001)

4.1. Introduction

L'aluminium a beaucoup de propriétés telles que la ductilité élevée, la conductivité thermique et électrique élevée, la faible densité et légèreté remarquable qui le rendent idéal pour l'utilisation dans les véhicules, les matériaux de construction, l'emballage alimentaire et la microélectronique [1]. Dans l'industrie de semi-conducteur, l'aluminium est souvent utilisé comme interconnexions (*interconnects*) où il forme des interfaces avec d'autres matériaux, tels que les céramiques (SiC, AlN, BeO, Al_2O_3,......). Les propriétés de ces interfaces peuvent affecter les performances du dispositif dans l'ensemble [2], il est donc souhaitable de comprendre leurs structures atomiques et électroniques. Spécifiquement, le fonctionnement de nombreux dispositifs crée des fluctuations de température qui peuvent décoller des interfaces dues à la différence de la dilatation thermique. En conséquence, il est souhaitable de quantifier l'adhésion entre les deux matériaux à l'interface. Il est difficile de mesurer l'adhésion à l'aluminium parce qu'il s'oxyde immédiatement dans l'air pour former une couche d'alumine (Al_2O_3). Les expériences doivent être faites dans le vide ou des atmosphères inertes. Par conséquent, la plupart des mesures d'adhésion de l'aluminium à d'autres matériaux a été faite en utilisant des simulations sur ordinateur.

Beaucoup de travaux sur l'adhésion des interfaces Al/céramique ont été réalisés en utilisant des méthodes du premier-principes, principalement la théorie de la fonctionnelle de la densité (DFT). La plupart des investigations sur la céramique ont considéré les oxydes (Al_2O_3 [3]), les carbures (TiC, WC, SiC et VC [4–7]), les nitrures (VN, TiN et CrN [7–10]) et les borures (TiB_2 [11]). Dans ce chapitre, nous considérons une autre classe de matériaux réfractaires, à savoir les semi-borures de métaux, en se concentrant sur semi-borure de molybdène en particulier.

Dans cette classe, les semi-borures de métaux de transition montrent une excellente stabilité, des propriétés électroniques et mécaniques, telles que la bonne conductivité thermique et électrique, point de fusion élevé, dureté très élevée, bonne résistance à la corrosion et les coefficients de dilatation thermique relativement faibles [12].

Nous allons exposer dans la section suivante les résultats de nos calculs sur l'interface Al/Mo_2B. Une discussion et confrontation de nos résultats par rapport à ceux de la littérature seront présentées. Notre étude portera principalement sur les points suivants :

- Les propriétés structurales de l'aluminium (Al) et du semi-borure de molybdène (Mo_2B) et leurs structures électroniques correspondantes.
- Les propriétés de surface de la face (0 0 1) des deux matériaux.
- L'adhésion et la structure électronique de l'interface.

4.2. Résultats de l'optimisation géométrique

Les résultats présentés ici sont issus des calculs auto-cohérents menés à l'aide du code VASP à base de pseudo-potentiels (PP) en utilisant les PP ultra-doux (voir chapitre 3). Les effets d'échange-corrélation ont été traités en premier lieu dans l'approximation de la densité locale (LDA) paramétrée par Predew et Zunger [13]. Comme il est d'usage et vue les résultats théoriques sur Al et Mo_2B, l'introduction de l'approximation du gradient généralisé (GGA) a permis de corriger les faiblesses de la LDA dans l'estimation des énergies et des paramètres de maille. La paramétrisation de Predew et Wang (PW91) [14] a été adoptée pour la GGA et les résultats de la LDA seront omis dans la discussion.

4.2.1. Cristal d'Al et de Mo_2B

L'aluminium massif possède une structure de type cubique à faces centrées *cfc* (représentée sur la figure 4.1.a) tandis que la maille élémentaire du semi-borure de molybdène Mo_2B (figure 4.1.b) est de symétrie tétragonale D_{4h}^{18} *I4/mcm*, groupe d'espace No. 140 [15]. Les atomes de molybdène occupent les positions de Wyckoff notées *8h* et les atomes de bore les positions *4a,* les positions atomiques sont détaillées dans le tableau 4.1. La maille conventionnelle contient donc quatre unités formulaires avec les coordonnées des positions équivalentes dans la maille: (0, 0, 0 ; ½, ½, ½).

Tableau 4.1 : Positions atomiques de Wyckoff de la maille de Mo_2B.

4a	(0, 0, 1/4) ; (0, 0, 3/4)
8h	(1/6, 2/3, 0) ; (5/6, 1/3, 0) ; (1/3, 1/6, 0) ; (2/3, 5/6,0)

La première étape de cette étude consiste à optimiser le maillage en points k et l'énergie de coupure afin de déterminer les paramètres de maille, les modules de compressibilité ainsi que les énergies de référence qui serviront par la suite.
L'énergie totale par atome a été convergée pour 1-2 meV à l'aide d'une énergie de coupure de 321.5 eV. Le même degré de convergence du maillage en points k a été atteint en utilisant une grille de Monkhorst-Pack de 11x11x11.

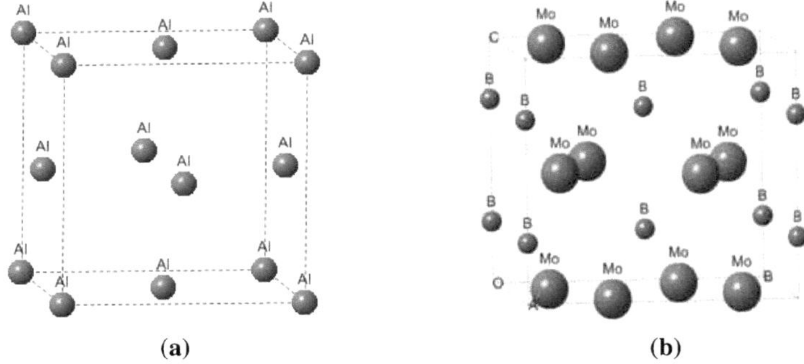

Figure 4.1 : Maille élémentaire de (a) Al et (b) Mo$_2$B.

Les figures 4.2 (a et b) montrent les résultats de la variation de l'énergie en fonction du volume avec des courbes E=f(V) ajustées à l'aide de l'équation d'états de Murnaghan [16] :

$$E(V) = E_0 + \left[\frac{BV}{B'(B'-1)}\right] \times \left[B'\left(1-\left(\frac{V_0}{V}\right)\right) + \left(\left(\frac{V_0}{V}\right)^{B'} - 1\right)\right] \tag{4.1}$$

Où E_0, B, V_0 sont respectivement : l'énergie de l'état fondamental, le module de compressibilité et le volume à l'équilibre. B' est la dérivée première du module de compressibilité.

Les valeurs des paramètres de maille (a et c) et des modules de compressibilité B sont regroupées et comparées aux valeurs théoriques et expérimentales existantes dans la littérature dans le tableau 4.2. Toutes les données expérimentales rapportées de références [18] et [20] sont prises à 0 K.

Nos calculs faits avec les PP-GGA montrent un bon accord avec les valeurs expérimentales et les calculs théoriques précédents utilisant la GGA. Nous tenons à mentionner qu'il n'existe pas dans la littérature de données expérimentales du module de compressibilité de Mo$_2$B.

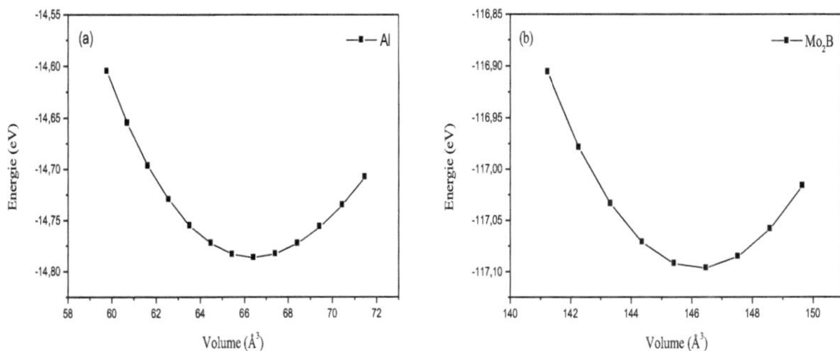

Figure 4.2 : Variation de l'énergie totale en fonction du volume de (a) Al et (b) Mo_2B.

Tableau 4.2 : Les propriétés d'Al et de Mo_2B à l'équilibre théorique.

Système	Méthode	a (Å)	c (Å)	B (GPa)
Al	Nos calculs	4.05	-	75
	LAPW-GGA[a]	4.05	-	73
	PP-GGA[b]	4.05	-	75
	Exp[c]	4.05	-	72
Mo_2B	Nos calculs	5.545	4.755	283
	PP-GGA[d]	5.545	4.753	289.43
	Exp[e]	5.547	4.739	-

[a] Ref. [17]

[b] Ref. [4]

[c] Ref. [18]

[d] Ref. [19]

[e] Ref. [20]

4.2.2. Structure électronique du Mo_2B

Pour obtenir une compréhension approfondie de la structure électronique du Mo_2B nous avons analysé la contribution de chaque caractère atomique sur une série de bandes de la décomposition de la densité totale. La densité d'états, DOS pour '*Density Of States*' totale et partielle projetées entre -15 et 10 eV sont illustrées dans la figure 4.3. La DOS du Mo_2B est diviséeen trois parties :

- Dans l'intervalle de basse énergie entre -10.67 à -6.40 eV, nous pouvons voir les états 2s du B.
- Les états 2p du B et 4d du Mo sont placés dans les bandes de valence occupées dans la région entre -6.40 jusqu'à -1.53 eV, et sont séparés par une forte hybridation, où les états B-2p, formant le pic à environ -3 eV, sont plus localisés et contribuent à la covalence forte dans les liaisons Mo-4d-B-2p.
- Les bandes occupées près de l'énergie de Fermi, dans la région entre -1.53 à 0 eV sont dominées par les états 4d de l'atome Mo.

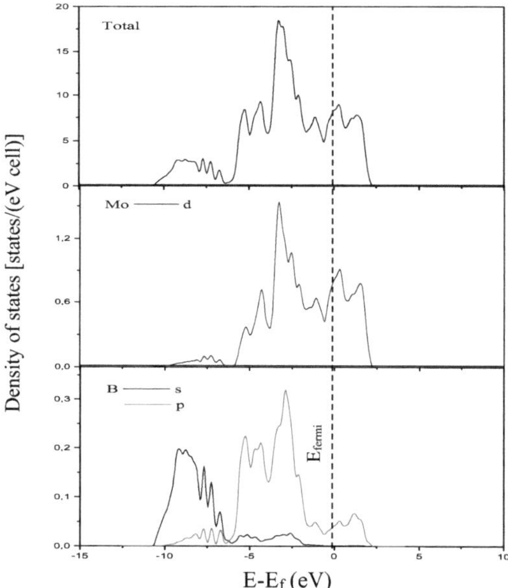

Figure 4.3 : Densités d'états totales et partielles du Mo_2B.

Au niveau de Fermi (0 eV), la DOS est dominée principalement par les états Mo-4d, ce qui confirme le caractère métallique du Mo_2B.
Le calcul de la densité de charge électronique nous informe sur le transfert de charge et par conséquent sur la nature des liaisons entre atomes. Ainsi, pour visualiser ces liaisons, nous avons tracé les contours de la densité de charge dans le plan (001).
Dans la figure 4.4, les distributions de charge électronique calculées indiquent clairement le caractère covalent fort de la liaison Mo-B ; raison pour laquelle, les niveaux énergétiques qui dérivent les électrons-d du Mo et les électrons-p du B sont fortement chevauchés.

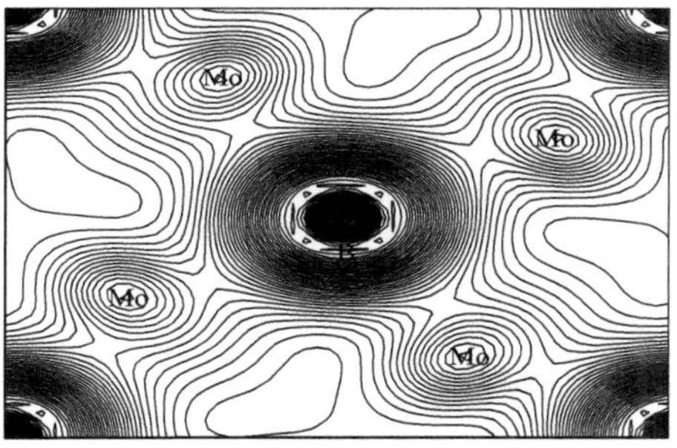

Figure 4.4 : Contours de la densité de charge du Mo_2B dans le plan (001).

4.3. Calculs de surface

Afin de simuler la structure, l'adhésion et la liaison à l'interface entre Al et Mo_2B, il est nécessaire de s'assurer que les surfaces utilisées dans la formation de l'interface soient suffisamment épaisse pour être représentatif du volume et éviter de simuler les propriétés d'adhésion d'un film ou couche mince. Une façon de tester cette représentativité consiste à vérifier la convergence de l'énergie de surface en fonction du nombre de couches atomiques utilisées dans la super cellule. En effet, en atteignant une épaisseur critique, l'énergie de surface converge à une valeur fixe ; ceci implique que les deux surfaces soient découplées par une région de volume. En conséquence, nous avons effectué des tests de convergence sur les surfaces Al(001) et Mo_2B(001) (les deux faces : la face Mo c'est-à-dire celle qui se termine par des atomes de molybdène et la face B c'est-à-dire celle qui se termine par des atomes de bore) pour être utilisées dans les calculs d'interface.

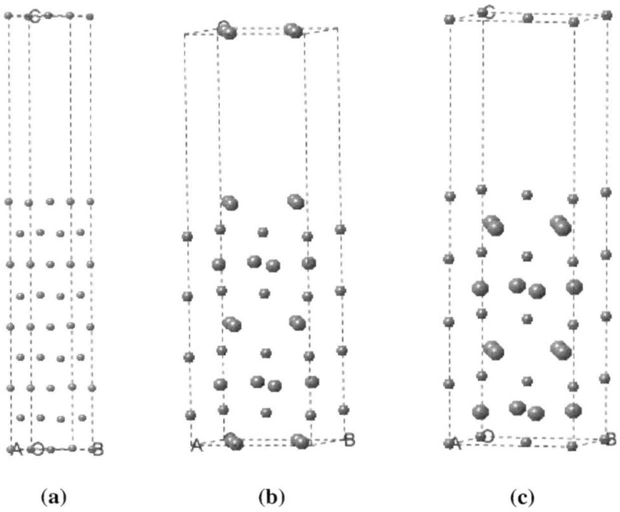

Figure 4.5 : Diagrammes schématiques des supercellules (a) Al(0 0 1), (b) Mo_2B(0 0 1)-Face Mo et (c) Mo_2B(0 0 1)-Face B avec 9 couches.

La face (0 0 1) parfaite, c'est-à-dire sans reconstruction ni lacune, a été étudiée. Pour un formalisme et un pseudo-potentiel donnés, les calculs sont effectués à volume constant avec les paramètres de maille optimisés précédemment. Dans tous les cas, un modèle de surface sera caractérisé par son nombre de couches de matière, noté nL. Par la suite, on appellera feuillet ou *slab* la partie de matière représentant la surface tandis que le terme de supercellule inclura l'ensemble du système, c'est-à-dire le slab et le vide (Figure 4.5). Après optimisation de la structure, l'énergie de surface peut être calculée à l'aide de l'Equation [21] :

$$E_{surf} = \frac{E_{\sup} - N_{atoms} E_{bulk}}{2S} \tag{4.2}$$

Où $E_{\sup}$ est l'énergie totale de la supercellule considérée, E_{bulk} l'énergie d'un motif dans le cristal, N_{atoms} le nombre de motif contenus dans la supercellule et S l'aire élémentaire de la face considérée. Le facteur multiplicatif 2 provient du fait que chaque supercellule contient deux faces identiques.

Dans les calculs suivants, le maillage en points k utilisé a été établi à partir de celui utilisé pour le cristal (11×11×11) et diffère selon la face (0 0 1), il n'y a donc qu'un seul point k selon l'axe z car la supercellule est très allongée dans cette direction; la dimension de la supercellule selon les axes x et y est toujours a, on garde donc 11 points k comme pour le cristal ; Le maillage résultant est donc (11×11×1). Les positions de tous les atomes dans les structures ont été relaxées en minimisant les forces de Hellmann-Feynman [22] en utilisant l'algorithme du gradient conjugué. L'optimisation est conduite jusqu'à ce que toutes les forces agissant sur les atomes soient inférieures à 0.02 eV/Å.

Il a fallu déterminer l'épaisseur de vide nécessaire entre les surfaces de manière à ce qu'elles n'interagissent pas entre elles. Ces calculs ont été effectués sur des systèmes à 5 couches (5L) avec des vides de a, 2a, 3a, 4a et 5a correspondant à 4.05 Å, 8.1 Å, 12.15 Å, 16.2 Å et 20.25Å pour Al et c, 2c, 3c, 4c correspondant à 4.755 Å, 9.51 Å, 14.265 Å et 19.02 Å pour Mo_2B. Les énergies de surface ainsi calculées sont présentées dans la figure 4.6. Les différences d'énergie calculées sont très faibles (0.003 J/m^2 au maximum) à partir de 10Å de vide. Ainsi, une épaisseur de 4a (12.15 Å) pour Al et 2c (9.51 Å) pour Mo_2B est donc largement suffisante pour pouvoir négliger l'interaction entre les faces de deux slabs.

Le tableau 4.3 résume les énergies de surface calculées pour la surface (0 0 1) d'Al et de Mo_2B (face Mo et face B) pour des systèmes allant de 3 à 13 couches. Nous remarquons que les énergies de surface d'Al convergent à 0.93 J/m^2 à partir de 9 couches. Ce qui est en bon accord avec le résultat expérimental de 0.94 J/m^2, extrapolé à 0 K [23]. En outre, en comparaison avec l'énergie de surface calculée par Liu et al. [4], nous notons que notre énergie de surface convergée est compatible à 0.95 J/m^2. Pour Mo_2B, l'énergie converge à 3.8J/m^2 pour la face B et 2.01 J/m^2 pour la face Mo pour des systèmes à 9 couches. Nous tenons à mentionner qu'il n'existe pas dans la littérature des résultats expérimentaux ou théoriques pour comparer avec nos résultats.

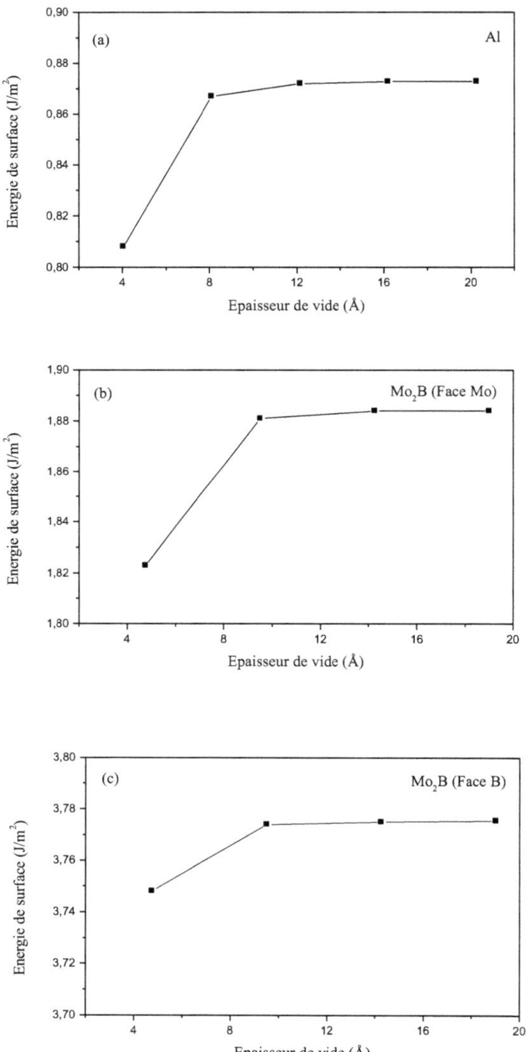

Figure 4.6 : Variation d'énergie de la face (0 0 1) en fonction de l'épaisseur de vide pour (a) Al, (b) Mo_2B (Face Mo) et (c) Mo_2B (Face B).

Tableau 4.3: Convergence de l'énergie de surface en fonction du nombre de couches.

Nombre de couches, nL	Energie de surface (J/m^2)		
	Al (0 0 1)	Mo_2B (0 0 1)	
		Face B	Face Mo
3	0.85	4.34	-
5	0.87	3.80	1.88
7	0.91	3.77	-
9	0.93	3.81	2.01
11	0.93	3.88	-
13	-	3.88	2.01

En plus de notre examen de l'énergie de surface, nous avons considéré les relaxations de surface d'Al (0 0 1) et de Mo_2B (0 0 1) en fonction de l'épaisseur du slab. Le tableau 4.4 illustre ces relaxations.

Les déplacements inter-couche de M (Al et/ou Mo_2B) sont dénommées Δ_{ij} et donnés par :

$$\Delta_{ij} = 100.\frac{d_{ijMrelaxé} - d_{ijMbulk}}{d_{ijMbulk}} \quad (4.3)$$

Contrairement aux grandes relaxations présentes dans Mo_2B (0 0 1), la surface d'Al (0 0 1) montre très faible degré de relaxation inter-couche. Où les déplacements inter-couche du premier espace interatomique Δ_{12} augmente de 2% de la distance interatomique du volume, ce qui est cohérent aux travaux précédents [4, 24]. Les relaxations inter-couches pour Mo_2B (présentées au tableau) sont surtout caractérisées par une forte contraction du premier espace interatomique Δ_{12} d'environ 50% et une faible expansion/contraction de Δ_{23} de 5% environ.

Tableau 4.4 : Relaxation de la face (0 0 1) en fonction de l'épaisseur du slab, déplacements perpendiculaires Δ_{ij}^{*}(en %).

Système		Inter-couche	Épaisseur du slab, nL					
			3	5	7	9	11	13
Al		Δ_{12}	3.80	2.37	1.03	1.28	1.33	-
		Δ_{23}		2.22	0.39	0.09	0.88	-
		Δ_{34}			-1.03	-1.03	-0.49	-
		Δ_{45}				-1.08	-1.23	-
		Δ_{56}					0.39	-
Mo_2B	B	Δ_{12}	-26.1	-37.54	-40	-40.67	-50.41	-59.40
		Δ_{23}		-2.28	-1.01	-1.01	-0.65	-0.61
		Δ_{34}			1.01	-0.42	-0.42	-0.41
		Δ_{45}				0.34	0.31	0.36
		Δ_{56}					-0.20	0.21
		Δ_{67}						
	Mo	Δ_{12}		-10.67		-10.84		-58.05
		Δ_{23}		5.67		5.25		5.42
		Δ_{34}				2.20		3.05
		Δ_{45}				1.01		-0.16
		Δ_{56}						0.76
		Δ_{67}						0.58

$^{*}\Delta_{ij}$ donné par l'équation (4.3) en pourcentage avec i et j les indices des couche relaxée. i=1 pour la couche interface solide-vide.

4.4. Calculs d'interface

4.4.1. Géométrie d'interface

Généralement, il y a un nombre énorme de manières dont deux surfaces peuvent être jointes pour former une interface : les surfaces peuvent être créées par clivage le long de l'un des nombreux plans possibles. Lorsqu'il s'agit des composés, il faut choisir parmi plusieurs stœchiométries de surface, et finalement il y a un continuum d'orientations de rotation et de translation relatives. Un moyen pratique pour désigner l'orientation d'interface est en écrivant les indices des plans cristallins qui sont parallèles au plan de l'interface. Par exemple, la notation métal(0 0 1)/céramique(0 0 1) qui est souvent utilisée dans la littérature implique que le plan de l'interface métal/céramique est parallèle aux plans cristallins (0 0 1) des deux cristaux en contact (métal et céramique).

Notre modèle d'interfaces utilise 9 couches de Mo_2B(0 0 1) placées sur 9 couches d'Al(0 0 1). Ceux-ci donnent une supercellule avec un total de 44 et 46 atomes pour la face B et Mo respectivement. La structure schématique est montrée dans la figure 4.7.

En utilisant cette orientation, il y' a une accommodation de réseau entre Mo_2B et Al. Dans le système d'interface réelle, cette accommodation aurait probablement comme conséquence un rang largement dispersé des dislocations de misfit pour le système Al/Mo_2B. Ainsi, notre modèle imite les régions cohérentes entre les dislocations. Pour accommoder les conditions de limites périodiques inhérentes à un calcul de supercellule, nous appelons l'approximation d'interface cohérente [25] dans laquelle l'Al est étiré pour assortir les dimensions du Mo_2B.

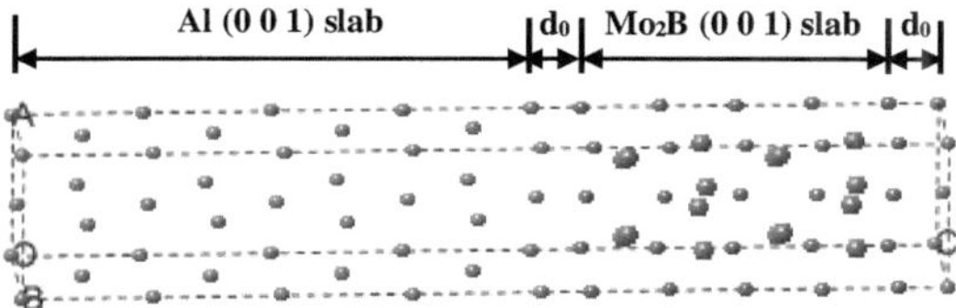

Figure 4.7 : Structure schématique de l'interface Al/Mo_2B.

4.4.2. Travail d'adhésion

Comme discuté dans le chapitre 2, le travail d'adhésion idéal (W_{ad}) est une quantité fondamentale importante pour prédire les propriétés mécaniques d'une interface, il est défini comme étant l'énergie nécessaire pour séparer réversiblement une interface en deux surfaces libres, négligeant les degrés de liberté de la déformation plastique et de la diffusion. Formellement, il peut être défini par la différence dans l'énergie totale entre l'interface et les surfaces isolées :

$$W_{ad} = \frac{E_m^{tot} + E_c^{tot} - E_{m/c}^{tot}}{2A} \qquad (4.4)$$

Où $E_{m/c}^{tot}$: Énergie totale de la supercellule contenant les multicouches d'Al et de Mo_2B. E_m^{tot}, E_c^{tot} sont les énergies totales de la supercellule contenant seulement la surface d'Al ou de Mo_2B.

A : L'aire élémentaire de l'interface. Le facteur multiplicatif 2 tient compte de la présence des deux interfaces identiques dans la supercellule.

Les travaux d'adhésion ont été calculés avant et après la relaxation atomique. Premièrement, nous avons calculé les travaux d'adhésion des interfaces non-relaxées pour différentes distances interfaciales. Ensuite, le travail d'adhésion et la distance interfaciale optimale sont utilisés pour lancer une deuxième série de calculs dans laquelle tous les atomes de chaque interface ont été relaxés dans les trois directions spatiales.

Le tableau 4.5 représente la distance interfaciale (d_0) et le travail d'adhésion (W_{ad}) calculés pour deux structures d'interface (face Mo et B) ; y compris les deux résultats non-relaxé et relaxé. Le travail d'adhésion pour l'interface terminée par les atomes de métal (11.86 J/m²) est plus grand que celui pour l'interface terminée par les atomes du métalloïde (6.85 J/m²). Ce résultat est similaire à l'interface Al/TiB_2 et opposé à d'autres interfaces Al/céramique par exemple Al/TiC, Al/TiN, Al/VC, Al/VN et Al/Al_2O_3 où l'adhésion de l'interface terminée par métalloïde est plus grande que celle qui correspond à l'interface terminée par métal [3-9].

En outre, notre travail d'adhésion calculé est grand comparé à celui de l'interface Al/TiB_2 (3.18 J/m² pour face Ti et 2.77 J/m² pour face B [11]) ; cette différence peut s'expliquer par les différences dans les énergies de surface entre Mo_2B et TiB_2.

Tableau 4.5 : Travaux d'adhésion (W_{ad}) et distances interfaciales (d_0) pour les deux systèmes d'interface Al/Mo_2B.

Face	Non-relaxé		Relaxé		ΔW_{relax}
	d_0 (Å)	W_{ad} (J/m²)	d_0 (Å)	W_{ad} (J/m²)	(eV/atom)
Mo	2.130	11.91	2.086	11.86	0.081
B	2.043	6.12	2.042	6.85	1.048

4.4.3. Structure électronique

Les propriétés mécaniques d'une interface sont intimement liées à la liaison atomique interfaciale. Ainsi, nous avons utilisé les densités de charge, les différences de la densité de charge électronique et les densités d'états (DOS) pour analyser la structure électronique et la liaison interfaciale. La différence de la densité de charge électronique $\Delta\rho$ est donnée par :

$$\Delta\rho = \rho_{Al/Mo_2B} - \rho_{Al} - \rho_{Mo_2B} \tag{4.5}$$

Avec :

ρ_{Al/Mo_2B} est la densité de charge totale du système d'interface.

ρ_{Al} et ρ_{Mo_2B} sont calculées pour les slabs isolés de l'Al et du Mo_2B dans la même supercellule, respectivement.

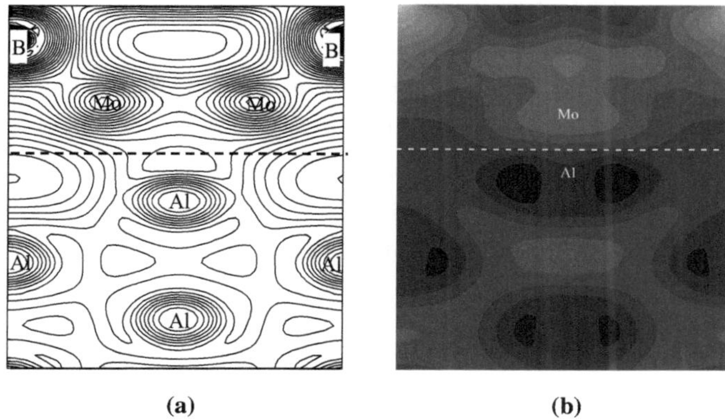

Figure 4.8 : Contours de la densité de charge (a) et de la différence de la densité de charge (b) pour la face Mo dans le plan (0 1 0). La ligne pointillée indique la localisation de l'interface.

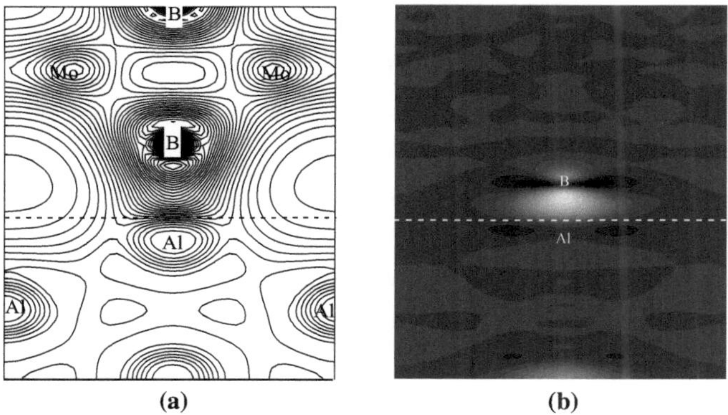

Figure 4.9 : Contours de la densité de charge (a) et de la différence de la densité de charge (b) pour la face B dans le plan (0 1 0). La ligne pointillée indique la localisation de l'interface.

Afin de voir la structure électronique interfaciale confinée principalement aux premières et deuxièmes couches, les densités de charge et les différences de la densité de charge pour la face Mo et la face B sont tracées dans les figures 4.8 et 4.9.

- La figure 4.8 (a et b) montre la région interfaciale de la face Mo dans le plan (0 1 0). Nous pouvons voir qu'il y a une petite accumulation de charge entre les atomes d'interface d'Al et de Mo, qui est caractéristique de la liaison covalente faible. Ainsi, la liaison à l'interface reste principalement métallique.
- La figure 4.9 (a et b) montre la région interfaciale de la face B sur le même plan (0 1 0). Il révèle que l'atome interfacial Al est traîné très près de l'atome B où l'accumulation de charge est évidente. Ceci est cohérent avec la différence d'électronégativité entre les atomes Al et B ($\chi_B - \chi_{Al} = 0.43$). Cette accumulation de charge est généralement caractéristique d'une liaison covalente polaire.

En outre un aperçu de la nature de liaison pour les interfaces (face Mo et face B) peut être obtenu en analysant les densités d'états électroniques. La figure 4.10 (a et b) montre les densités d'états projetées pour les atomes d'interface.

- Pour la face Mo, la DOS de l'atome Mo de l'interface présente plus des états occupés près du niveau de Fermi, et il y a une diminution faible sur la DOS d'Al près du niveau de Fermi. Ainsi, nous concluons de nouveau que la liaison est principalement métallique à travers l'interface.
- Pour la face B, la DOS de l'atome B de l'interface ne montre presque aucune différence significative par rapport à celle relative à l'atome en volume. La DOS de l'atome interfacial d'Al montre un nouveau pic autour de -8 eV à la même position que celui du B interfacial. Ces états de chevauchement contribuent à l'hybridation des orbitales d'Al et du B, particulièrement Al-3s et B-2s, pour former une liaison covalente. De plus, il y a une grande quantité d'états épuisés sur l'atome Al à partir -2 eV à E_F, ce qui affaiblit considérablement le caractère métallique et a plus le comportement du B-2p.

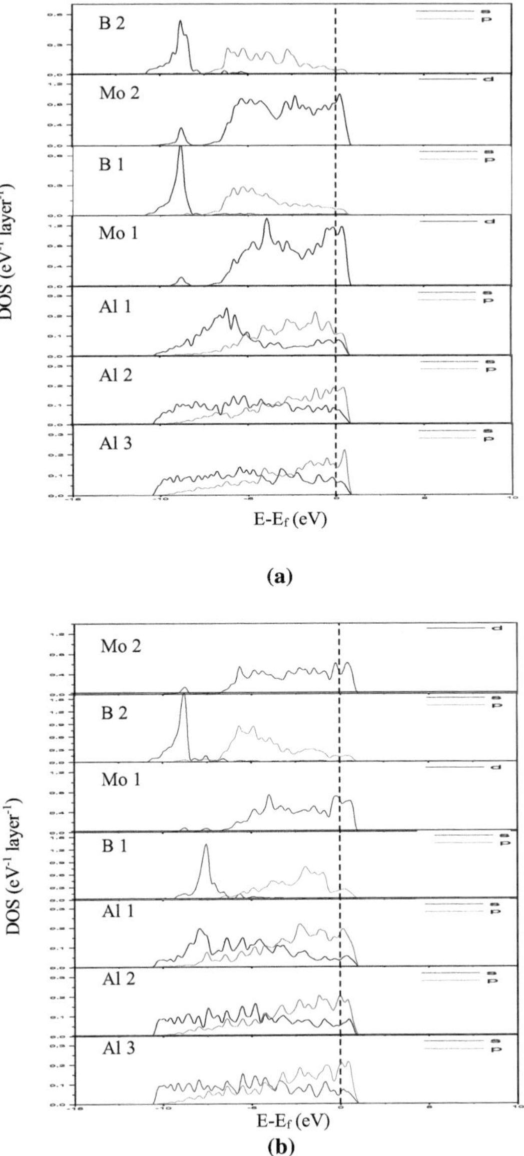

Figure 4.10 : Densités d'états de l'interface Al/Mo_2B de la (a) Face Mo et (b) Face B. La ligne pointillée verticale indique la localisation du niveau de Fermi.

4.5. Conclusion

Dans ce chapitre nous avons présenté une étude *ab initio* de l'adhésion et la structure électronique de l'interface Al(0 0 1)/Mo_2B(0 0 1). Dans un premier temps, l'étude des cristaux d'Al et de Mo_2B a été effectuée et a permis de déterminer les paramètres de calcul, en termes de maillage en points k et d'énergie de coupure, nécessaires pour obtenir des résultats convergés. Ainsi, les propriétés structurales de ces cristaux ont pu être optimisées. Les résultats obtenus sont en bonne concordance avec ceux déterminés expérimentalement et ceux obtenus par d'autres méthodes théoriques. Les propriétés électroniques du Mo_2B ont été également calculées et montrent que les liaisons dans le composé est de caractère covalent fort.

Ensuite, les paramètres de maille optimisés ont été utilisés pour étudier les surfaces d'Al(001) et la face Mo et B de Mo_2B(001). Les calculs de surface révèlent que la convergence est atteinte avec des slabs de neuf couches atomiques.

L'étude s'est focalisée par la suite sur les deux faces d'interface Al(0 0 1)/Mo_2B(0 0 1) : la face Mo et la face B. Les calculs montrent que la surface de la face Mo liée avec la surface d'Al plus efficacement que celle de la face B. En fait, le travail d'adhésion pour la face Mo est 11.86 J/m² significativement supérieure à la valeur de 6.85 J/m² calculée pour la face B. Ceci est analogue à l'étude précédente d'interface Al/TiB_2. Enfin, la structure électronique et la liaison interfaciale ont été étudiées en déterminant les différences de la densité de charge et les densités d'états, les résultats montrent que les atomes d'Al forment des liaisons covalentes polaires avec les atomes B, tandis que les liaisons Al-Mo présentent un caractère métallique.

Bibliographie

[1] www.aluminum.org

[2] K. Kuang, F. Kim, S.S. Cahill (Eds.), RF and Microwave Microelectronics Packaging, Springer, Verlag New York Inc., 2009 (1 November).

[3] D.J. Siegel, L.G. Hector Jr., and J.B. Adams, Adhesion, atomic structure, and bonding at the Al (111)/α-Al_2O_3 interface: a first-principles study, Phys. Rev. B. 65 (2002) 085415.

[4] L.M. Liu, S.Q. Wang, H.Q. Ye, Adhesion and bonding of the Al/TiC interface, Surf. Sci. 550 (2004) 46.

[5] D.J. Siegel, L.G. Hector Jr., and J.B. Adams, Adhesion, stability, and bonding at metal/metal-carbide interfaces: Al/WC, Surf. Sci. 498 (2002) 321.

[6] J. Hoekstra, J. Kohyama, Ab initio calculations of the β-SiC(001)/Al interface, Phys. Rev. B 57 (1998) 2334.

[7] D.J. Siegel, L.G. Hector Jr., and J.B. Adams, First-principles study of metal–carbide/nitride adhesion: Al/VC vs. Al/VN, Acta Mater. 50 (2002) 619.

[8] L.M. Liu, S.Q. Wang, H.Q. Ye. First-principles study of polar Al/TiN(111) interfaces. Acta Mater 52 (2004) 3681.

[9] L.M. Liu, S.Q. Wang, H.Q. Ye, Adhesion of metal–carbide/nitride interfaces: Al/TiC and Al/TiN, J. Phys.: Condens. Matter 15 (2003) 8103.

[10] D. J. Siegel, L. G. Hector Jr., J. B. Adams, Ab initio study of Al-ceramic interfacial adhesion, Phys. Rev. B 67 (2003) 092105.

[11] Y. Han, Y. Dai, D. Shu, J. Wang, B. Suna, First-principles calculations on the stability of Al/TiB_2 interface, Appl. Phys. Lett. 89 (2006) 144107.

[12] A.W. Weimer (Ed.), Carbide, Nitride and Boride Materials Synthesis and Processing, Chapman and Hall, London, UK, 1997.

[13] J.P. Perdew, A. Zunger, Self-interaction correction to density-functional approximations for many-electron systems, Phys. Rev. B, 23 (1981) 5048.

[14] J.P. Perdew, Y. Wang, Accurate and simple analytic representation of the electron-gas correlation energy, Phys. Rev. B, 45 (1992) 13244.

[15] R.W.G. Wykoff, the Structure of Crystals, Interscience, New York, 1948.

[16] F.D. Murnaghan, Proc. Natl. Acad. Sci. USA, 30 (1944) 5390.

[17] M. Asato, A. Settlels, T. Hoshino, T. Asada, S. Blgel, R. Zeller, P.H. Dederichs, Full-potential KKR calculations for metals and semiconductors, Phys. Rev. B 60 (1999) 5202.

[18] C. Kittel, Introduce to Solid State Physics, seventh ed., Wiley, New York, 1996.

[19] C.T. Zhou, J.D. Xing, B. Xiao, J. Feng, X.J. Xie, Y.H. Chen, First principles study on the structural properties and electronic structure of X_2B (X = Cr, Mn, Fe, Co, Ni, Mo and W) compounds, Comput. Mater. Sci. 44 (2009) 1056.

[20] R. Kiessling, The Crystal Structures of Molybdenum and Tungsten Borides, Acta. Chem. Scandinavica 1 (1947) 893.

[21] H.W. Hugosson, O. Eriksson, U. Jansson, A.V. Ruban, P. Souvatzis, I.A. Abrikosov, Surface energies and work functions of the transition metal carbides, Surf. Sci. 557 (2004) 243.

[22] R.P. Feynman, Forces in Molecules, Phys. Rev. 56 (1939) 340.

[23] S.K. Rhee, Wetting of ceramics by liquid aluminium, J. Am. Ceram. Soc. 53 (1970) 386.

[24] X.G. Wang, A. Chaka, M. Scheffler, Effect of the Environment on α-Al_2O_3 (0001) Surface Structures, Phys. Rev. Lett. 84 (2000) 3650.

[25] R. Benedek, D.N. Seidman, M. Minkoff, L.H. Yang, A. Alavi, Atomic and electronic structure and interatomic potentials at a polar ceramic/metal interface: *{222}*MgO/Cu, Phys. Rev. B 60 (1999) 16094.

Chapitre 5

Les interfaces Mo/HfC et Mo/ZrC

5.1. Introduction

Les carbures de métaux de transition appartiennent à une classe de matériaux technologiquement très importante avec un certain nombre de propriétés uniques, y compris une dureté et un point de fusion extrêmement élevée, une stabilité chimique élevée, et une bonne résistance à la corrosion. Cette combinaison de propriétés qui rend ces carbures les candidats idéaux comme matériaux de revêtement de protection dans les environnements extrêmement durs et corrosifs [1-4]. Par conséquent, pendant les dernières décennies, l'intérêt s'est déplacé de propriétés des cristaux massiques (*bulk*) à ceux de leurs surfaces [5-9] et des interfaces formées entre ces céramiques et des substrats métalliques ou d'alliage [10-15]. Une classe importante des interfaces métal/céramique concerne les carbures cimentés et les cermets, qui sont généralement utilisés pour des applications d'outils de coupe. Ces matériaux se composent d'un matériau céramique (usuellement les carbures ou les carbonitrures) avec un liant métallique, idéalement conçu pour avoir des propriétés optimales des deux composants. La céramique offre une dureté élevée tandis que le métal offre une ténacité. La phase liante métallique garantit une bonne mouillabilité et adhésion à la phase céramique. La bonne adhésion entre les phases métallique et céramique résulte de la ténacité plus élevée due à la propagation de fissure à travers la phase liante ductile [16]. En conséquence, il est souhaitable de quantifier cette adhésion à l'interface métal/céramique.

Des calculs du premier-principes ont été largement utilisés pour étudier l'adhésion des interfaces de cermet. Dudiy et Lundqvist [17-19] ont étudié les interfaces Co/Ti(C, N). Leurs résultats ont montrés que la liaison dominante à l'interface était la liaison covalente forte entre les orbitales Co-3d et de C(N)-2p, et l'énergie d'adhésion calculée est compatible avec les expériences de mouillabilité. De même, Christensen et *al.* [20] ont comparé l'adhésion d'interface Co/WC et Co/TiC, et ont observé que l'adhésion forte de l'interface Co/WC peut être attribuée à la liaison métallique à l'interface.

Dans ce chapitre, nous considérons un autre effet important qui peut considérablement améliorer la mouillabilité et l'adhésion. C'est notamment le cas pour l'alliage au Rhénium (Re) aux interfaces Mo/HfC et Mo/ZrC. Bien que le Mo mouille les carbures réfractaires HfC et ZrC, l'examen microscopique des interfaces métal/céramique a montré que Mo-40%Re/HfC et Mo-40%Re/ZrC ont le mouillage hautement souhaitable et les caractéristiques de solubilité [21]. Afin d'obtenir une compréhension plus profonde, nous utilisons des calculs du premier-principes pour examiner l'adhésion et la structure électronique des interfaces Mo/HfC et Mo/ZrC avec et sans la présence de l'impureté de Re. Les résultats de calculs seront traités et discutés de la même manière que le chapitre précédent.

5.2. Résultats de l'optimisation géométrique

Les calculs sont effectués au sein de la DFT en utilisant le code VASP, basée sur la méthode pseudo-potentiel (PP). Dans la même approximation des effets d'échange-corrélation GGA, utilisée dans le chapitre précédent, des pseudo-potentiels de type ultra-doux (US-PP) ont été adoptés.

5.2.1. Structure cristalline

Le molybdène massif cristallise dans la structure cubique centrée *cc*, tandis que les deux carbures HfC et ZrC cristallisent dans la structure cubique à faces centrées de type NaCl, appelée ci-après "*cfc*-NaCl". Ces structures sont illustrées dans la figure 5.1.

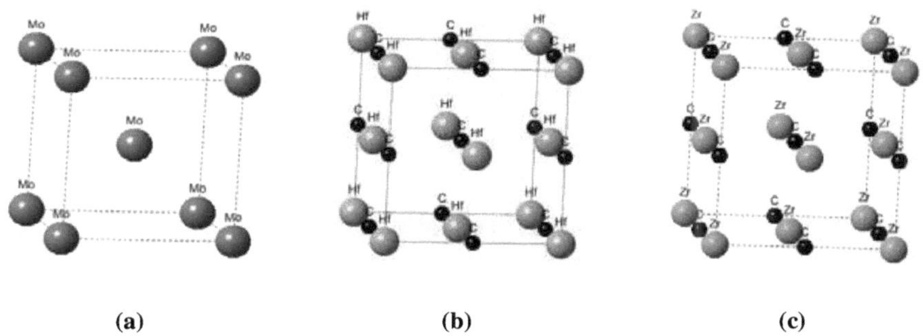

(a) **(b)** **(c)**

Figure 5.1 : Structure cristalline de (a) Mo,(b) HfC et (c) ZrC.

Avant de commencer l'optimisation géométrique, les énergies totales de chaque cellule unitaire ont été soigneusement vérifiées pour la convergence en ce qui concerne le maillage en points k et l'énergie de coupure d'onde plane. Nous avons constaté qu'une grille de Monkhorst-Pack [22] 11x11x11 et une énergie de 358.4 eV sont suffisantes pour assurer la convergence vers 1-2 meV pour les trois systèmes.

Pour estimer les paramètres de maille et les modules de compressibilité de l'équilibre, des calculs d'énergie en fonction du volume ont été exécutés, avec des résultats ajustés à l'aide de l'équation d'états de Murnaghan [23]. Les courbes E=f(V) obtenues sont schématisées dans les figures 5.2 (a, b et c).

Nos valeurs calculées sont reportées dans le tableau 5.1, et comparées avec d'autres valeurs théoriques et expérimentales.

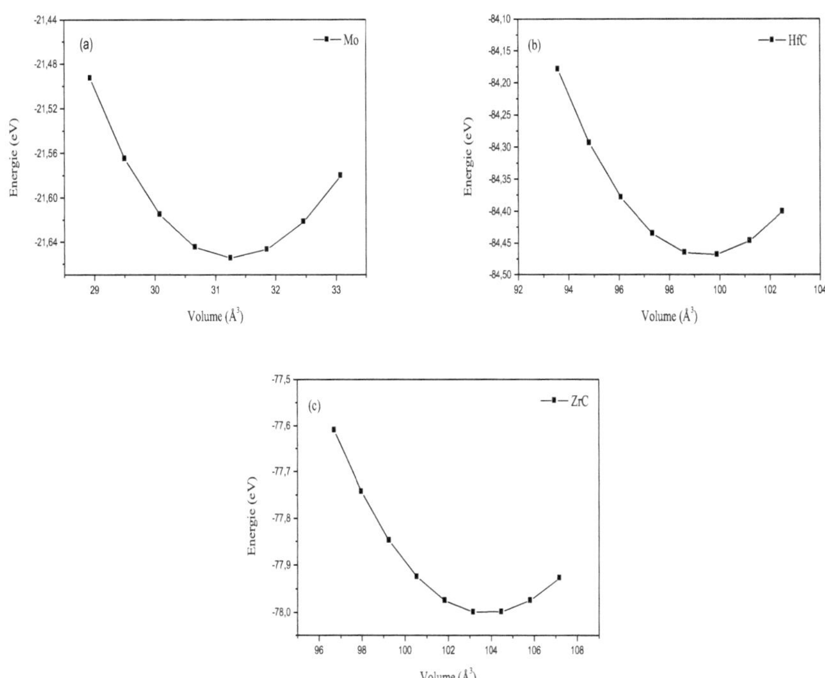

Figure 5.2 : Variation de l'énergie totale en fonction du volume de (a) Mo, (b) HfC et (c) ZrC.

5.2.2. Structure électronique

Bien que la structure électronique des monocarbures ait été analysée par d'autres travaux, nous présentons ici une brève revue de ces propriétés afin de faciliter les comparaisons avec ce qui se trouve aux interfaces Mo/HfC et Mo/ZrC.

Pour analyser la structure électronique du HfC et du ZrC, nous montrons dans les figures 5.3 et 5.4 les densités d'états électroniques (DOS) et les contours des densités de charge dans le plan (1 0 0).

Tableau 5.1 : Les propriétés de Mo, de HfC et de ZrC à l'équilibre théorique.

Système	Méthode	a (Å)	B (GPa)
Mo	Nos calculs	3.15	255.6
	Exp[a]	3.15	272.5
HfC	Nos calculs	4.632	245
	PP-GGA[b]	4.69	-
	LAPW-LDA[c]	4.65	248
	Exp[d]	4.64	-
ZrC	Nos calculs	4.699	229.8
	PP-GGA[e]	4.731	220.7
	LAPW-LDA[c]	4.66	239
	Exp[f,e]	4.699	227.9

[a] Ref. [24]

[b] Ref. [25]

[c] Ref. [26]

[d] Ref. [27]

[e] Ref. [28]

[f] Ref. [29]

Les DOS du HfC et du ZrC sont assez semblables, les deux se composent de deux régions principales : la première est dominée principalement par les états 2s du carbone et la deuxième région est composée de l'hybridation des états 2p du carbone et 3d (4d) du hafnium (zirconium).

La valeur finie de DOS au niveau de Fermi implique la nature métallique, mais sa faible valeur suggère un caractère covalent fort.

Les contours des densités de charge montrent un transfert de charge partiel de l'atome hafnium (zirconium) vers l'atome de carbone. Ceci est compatible avec la différence d'électronégativité entre les atomes C et Hf (Zr), qui est de l'ordre de $\chi_C - \chi_{Hf} = 1.25$ ($\chi_C - \chi_{Zr} = 1.22$).

La liaison dans HfC et ZrC montre alors un mélange du caractère métallique, ionique et covalent, ce qui est compatible avec d'autres résultats sur les monocarbures de métaux de transition : Ti, V, Zr, Hf et Nb [25,26, 28, 30,31].

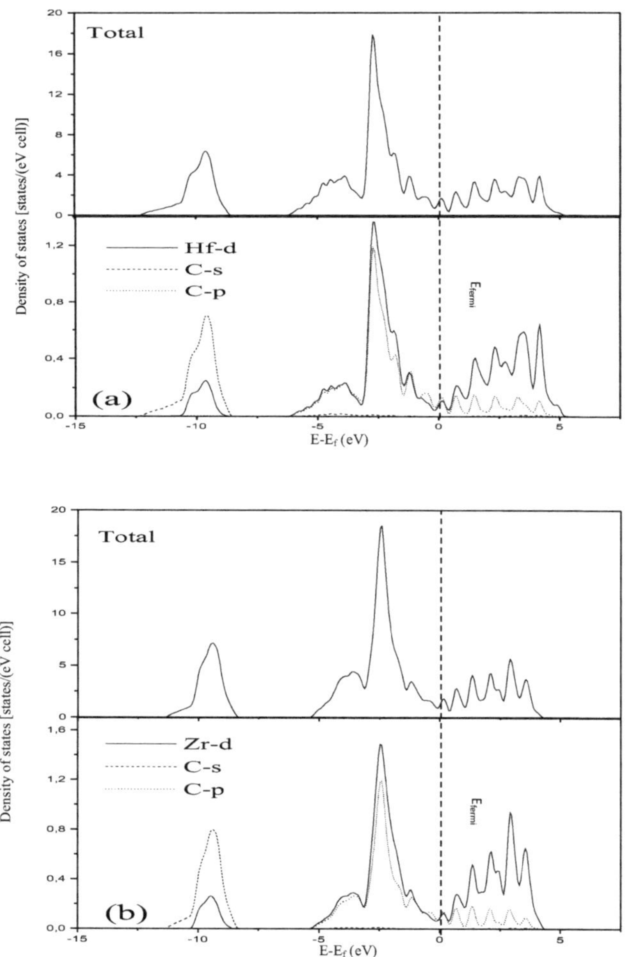

Figure 5.3 : Densités d'états totales et partielles pour (a) HfC et (b) ZrC.

Figure5.4 : Contours des densités de charge dans le plan (1 0 0) du (a) HfC et (b) ZrC.

5.3. Calculs de surface

Nous avons utilisé des supecellules pour représenter les systèmes de surface et d'interface. Afin de restaurer la périodicité dans la direction normale à la surface, un modèle de slab-répété a été adopté. L'épaisseur du modèle de slab a été ajustée en ce qui concerne la convergence de l'énergie. Dans ce cas, la zone de Brillouin a été échantillonnée en utilisant une grille de 11x11x1, avec une énergie de coupure de 358.4 eV. Tous les atomes dans les slab (surfaces et interfaces) ont été relaxés librement à l'état fondamental en minimisant les forces de Hellmann-Feyman [32] en utilisant l'algorithme du gradient conjugué tels que toutes les forces agissant sur les atomes étaient moins de 0.03 eV/Å.

Pour éviter l'interaction entre les surfaces et ses images périodiques, une région de vide doit être incluse dans la cellule, nous avons fait des tests de convergence sur des systèmes à 5 couches (5L) avec des vides de $a\sqrt{2}$, $2a\sqrt{2}$, $3a\sqrt{2}$, $4a\sqrt{2}$ et $5a\sqrt{2}$ correspondant à 4.455 Å, 8.91 Å, 13.36 Å, 17.82 Å et 22.27 Å pour Mo et a, 2a, 3a, 4a, 5a correspondant à 4.632 Å, 9.264 Å, 13.896 Å, 18.528 Å et 23.16 Å pour HfC et , 2a, 3a, 4a, 5a correspondant à 4.699 Å, 9.398 Å, 14.097 Å, 18.796 Å et 23.495 Å pour ZrC. Les énergies de surface ainsi calculées sont présentées dans la figure 5.5. Nos tests de convergence trouvent qu'une région de $3a\sqrt{2}$ (13.36 Å) pour Mo, 2a (9.264 Å) pour HfC et 2a (9.398 Å) pour ZrC est suffisante pour converger l'énergie totale à moins de 2 meV.

Afin de simuler la surface, il est nécessaire de s'assurer que les deux surfaces de la supercellule sont découplées par une région de volume intermédiaire. En conséquence, nous avons fait des tests de convergence sur Mo (1 1 0), HfC (1 0 0) et ZrC (1 0 0) en calculant les énergies en fonction du nombre de couches atomiques.

Des calculs de relaxation pour les trois matériaux sont faits pour l'épaisseur de slab allant de 3 à 11 couches. Les résultats sont énumérés dans le tableau 5.2.

Nous pouvons voir que les relaxations ne sont pas grandes et leurs effets sont localisés principalement dans les deux premières couches atomiques. Une analyse préliminaire dans le tableau 5.2 indique que les slabs avec 7 couches de carbure et 9 couches de Mo possèdent apparemment le volume à l'intérieur (les déplacements inter-couches central moins qu'environ 0.2% de la distance interatomique de volume).

Le tableau 5.3 montre les énergies de surface calculées du Mo (1 1 0), HfC (1 0 0) et ZrC (1 0 0) pour des systèmes allant de 3 à 11 couches. L'énergie de surface pour les deux carbures converge rapidement avec l'augmentation de l'épaisseur de slab à environ 0.01 J/m^2 pour les slab nL $\geq$ 7. Pour le molybdène, l'énergie de surface calculée converge à 2.9 J/m^2, à partir de 9 couches. Cette valeur est en bon accord avec celle de l'expérience (2.907 J/m^2), extrapolé à 0 K [33].

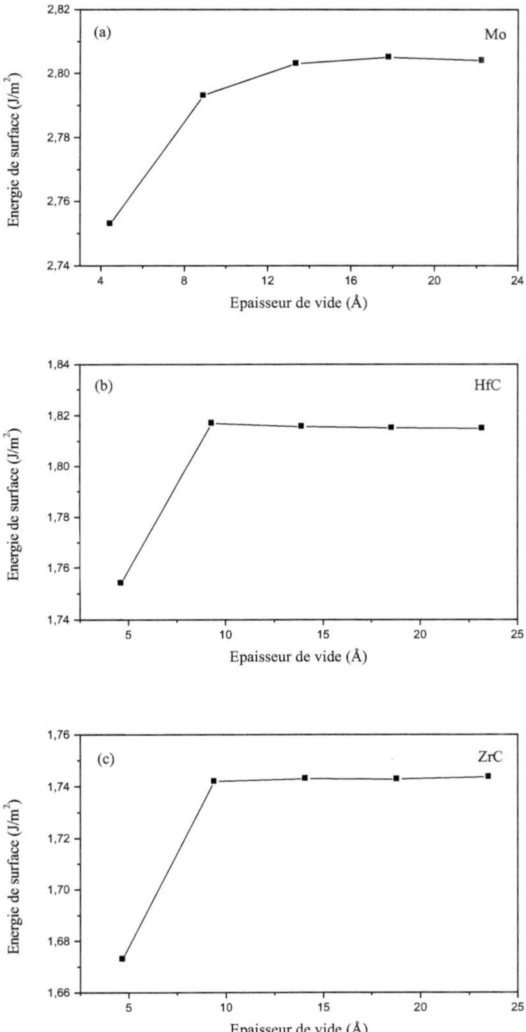

Figure 5.5 : Variation de l'énergie de surface en fonction de l'épaisseur de vide pour (a) Mo, (b) HfC et (c) ZrC.

Tableau 5.2: Relaxation de surface en fonction de l'épaisseur du slab, déplacements perpendiculaires Δ_{ij}^{*} (en %).

Système	Inter-couche	Épaisseur du slab, nL				
		3	5	7	9	11
Mo	Δ_{12}	-3.5	-4.7	-4.5	-4.2	-4.5
	Δ_{23}		1.0	0.9	0.8	0.9
	Δ_{34}			0.5	0.5	0.4
	Δ_{45}				0.2	0.0
	Δ_{56}					0.0
HfC	Δ_{12}	-3.6	-2.6	-2.4	-2.4	-2.5
	Δ_{23}		-0.9	-0.6	-0.6	-0.7
	Δ_{34}			-0.2	0.0	-0.1
	Δ_{45}				0.0	0.0
	Δ_{56}					0.0
ZrC	Δ_{12}	-3.7	-2.4	-2.3	-2.5	-2.6
	Δ_{23}		-0.6	-0.3	-0.3	-0.5
	Δ_{34}			-0.1	0.0	-0.1
	Δ_{45}				0.0	0.0
	Δ_{56}					0.0

* Δ_{ij} *donné par* $\Delta_{ij} = 100.(d_{ijMrelaxé} - d_{ijMbulk})/ d_{ijMbulk}$ *en pourcentage avec i et j les indices des couche relaxée.i=1 pour la couche interface solide-vide.*

Tableau 5.3 : Convergence de l'énergie de surface en fonction du nombre de couches.

Nombre de couches, nL	Energie de surface (J/m^2)		
	Mo (1 1 0)	HfC (1 0 0)	ZrC (1 0 0)
3	2.85	1.85	1.76
5	2.80	1.81	1.74
7	2.79	1.78	1.75
9	2.93	1.77	1.75
11	2.96	1.76	1.76

5.4. Calculs d'interface

5.4.1. Géométrie d'interface

Généralement, il y a un grand nombre de manières que deux surfaces peuvent être jointes pour former une interface : les surfaces peuvent être créées par clivage le long d'un des nombreux plans possibles et lorsqu'il s'agit des composés, il faut choisir parmi plusieurs stœchiométries de surface, et finalement il y a un continuum d'orientations de rotation et de translation relatives. Toutefois, Christensen et *al.* [34, 35] indiquent que les interfaces stables sont généralement formées entre les surfaces les plus stables. Ainsi, nous avons limité notre étude aux interfaces Mo (1 1 0)/HfC (1 0 0) et Mo (1 1 0)/ZrC (1 0 0)

Le modèle d'interfaces utilise 7couches de carbure (1 0 0) placées sur 9 couches de Mo (1 1 0). Ce qui donne une supercellule de 46 atomes.

Pour identifier la géométrie d'interface optimale, nous avons considéré deux séquences d'empilement différentes (illustré à la figure 5.6), en plaçant le Mo interfacial dans l'une des deux positions en ce qui concerne la structure du réseau de surface en céramique : Mo au-dessus des atomes de C (C-site) et Mo au-dessus des atomes d'Hf ou Zr (Hf-site ou Zr-site). Pour compenser l'accommodation, le réseau de métal est étiré pour s'adapter avec celui de carbure et la relaxation totale permettra de déplacer les atomes à des positions plus favorables.

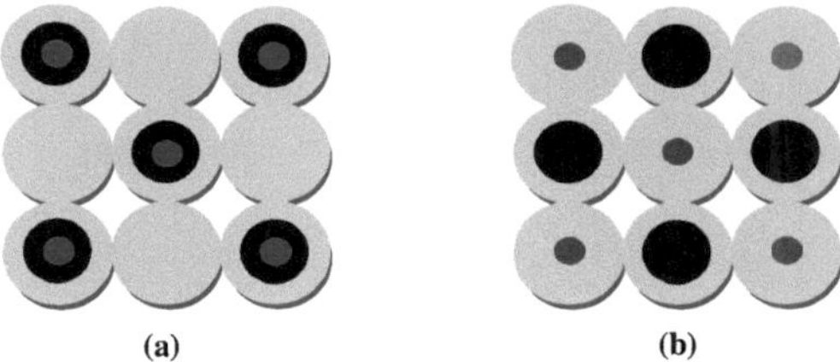

Figure 5.6 : Deux séquences d'empilement de l'interface Mo/HfC. Les petites sphères présentent les atomes de Mo interfacials ; les sphères de taille moyenne présentent les atomes de C ; les grandes sphères présentent les atomes de Hf. (a) C-site et (b) Hf-site.

5.4.2. Travail d'adhésion

Comme discuté dans le chapitre 2, le travail d'adhésion idéal (W_{ad}) est une quantité fondamentale importante pour prédire les propriétés mécaniques d'une interface, il est défini comme étant l'énergie nécessaire pour séparer réversiblement une interface en deux surfaces libres, négligeant les degrés de liberté de la déformation plastique et de la diffusion. Formellement, il peut être défini par la différence dans l'énergie totale entre l'interface et les surfaces isolées :

$$W_{ad} = \frac{E_m^{tot} + E_c^{tot} - E_{m/c}^{tot}}{2A} \tag{5.1}$$

Où $E_{m/c}^{tot}$: Énergie totale de la supercellule contenant les multicouches de Mo et de carbure. E_m^{tot} , E_c^{tot} sont les énergies totales de la supercellule contenant seulement la surface de Mo ou de carbure.

A : L'aire élémentaire de l'interface. Le facteur multiplicatif 2 tient compte de la présence des deux interfaces identiques dans la supercellule.

Le travail d'adhésion et la distance interfaciale calculés pour les quatre interfaces sont résumés dans le tableau 5.4.

Dans les deux cas, l'interface formée avec des atomes de Mo placés au-dessus des atomes de C montre un plus grand travail d'adhésion : 3.30 J/m² pour Mo/HfC et 3.67 J/m² pour Mo/ZrC. Comparé à C-site, le travail d'adhésion pour Hf- et Zr-site est nettement plus faible : 1.19J/m² et 1.29J/m², respectivement. Ce résultat est compatible avec d'autres interfaces métal/carbure, par exemple, Al/TiC, Al/WC, Ti/TiC et Al/VC [11-13, 30].

Tableau 5.4 : Travail d'adhésion (W_{ad}) et distance interfaciale (d_0) calculés pour les quatre systèmes d'interface Mo/HfC et Mo/ZrC.

Céramique	Empilement	Non-relaxé		Relaxé		ΔW_{relax}
		d_0 (Å)	W_{ad} (J/m²)	d_0 (Å)	W_{ad} (J/m²)	(eV/atom)
HfC	C-site	1.90	4.71	1.68	3.30	1.61
	Hf-site	2.50	1.11	2.49	1.19	0.09
ZrC	C-site	1.90	4.60	1.66	3.67	1.08
	Zr-site	2.50	1.06	2.71	1.29	0.27

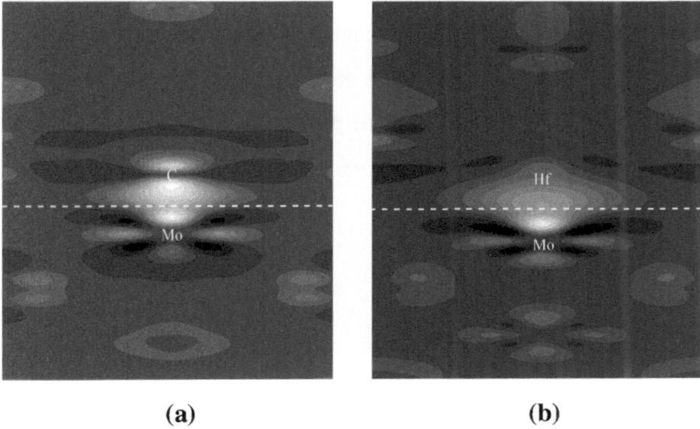

(a) **(b)**

Figure 5.7 : Contours des différences de la densité de charge de l'interface Mo/HfC dans le plan (0 1 0) pour (a) C-site et (b) Hf-site. La ligne en pointillés indique la localisation de l'interface.

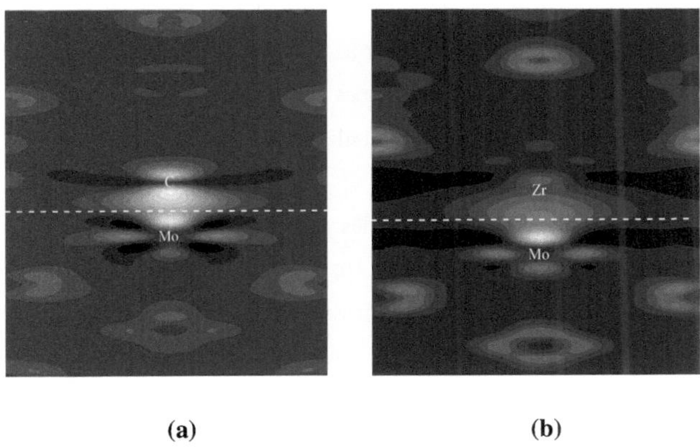

(a) **(b)**

Figure 5.8 : Contours des différences de la densité de charge de l'interface Mo/ZrC dans le plan (0 1 0) pour (a) C-site et (b) Zr-site. La ligne en pointillés indique la localisation de l'interface.

5.1.1. Structure électronique

Pour révéler la nature de la liaison interfaciale entre le Mo et les carbures. Les figures 5.7 (a et b), 5.8 (a et b), 5.9 (a et b) et 5.10 (a et b) illustrent les différences de la densité de charge interfaciale et les densités d'états (DOS) projetées, respectivement, pour les interfaces Mo/HfC et Mo/ZrC relaxées. La différence de la densité de charge électronique $\Delta\rho$ est donnée par :

$$\Delta\rho = \rho_{Mo/Carbure} - \rho_{Mo} - \rho_{Carbure} \tag{5.2}$$

Avec :

$\rho_{Mo/Carbure}$ est la densité de charge totale du système d'interface.

ρ_{Mo} et $\rho_{Carbure}$ sont calculés pour les slabs isolés de Mo et de carbure dans la même supercellule, respectivement.

- Les figures 5.7(a) et 5.8(a) montrent les différences de la densité de charge pour C-site dans le plan (0 1 0), pour les interfaces Mo/HfC et Mo/ZrC respectivement. Le déplacement de charge entre les atomes interfaciaux Mo et C suggère un caractère covalent significatif. En fait, l'accumulation de charge est claire entre les atomes interfaciaux de Mo et de C.
- Les figures 5.7(b) et 5.8(b) montrent les différences de la densité de charge pour Hf-site et Zr-site dans le plan (0 1 0), pour les interfaces Mo/HfC et Mo/ZrC respectivement. L'accumulation de charge à l'interface est délocalisée et largement écartée de l'interface, qui est caractéristique d'une liaison métallique.
- Les densités d'états projetées pour C-site sont tracées dans les figures 5.9(a) et 5.10(a), pour les interfaces Mo/HfC et Mo/ZrC respectivement. Celles-ci révèlent plus explicitement les caractéristiques de la liaison interfaciale. En fait, la DOS de l'atome de C interfacial ne montre aucun changement significatif comparé à celle du volume (voir figure 5.3), la DOS de l'atome de Mo interfacial présente de nouveaux états autour de -10 eV à la même position que ceux du carbone interfacial. Ces états de chevauchement contribuent à l'hybridation des orbitales Mo-4d et de C-2p, formant

une liaison covalente. Ceci est cohérent avec les résultats ci-dessus de la distribution de charge.

- Les densités d'états projetées pour Hf-site et Zr-site sont tracées dans les figures 5.9(b) et 5.10(b), pour les interfaces Mo/HfC et Mo/ZrC respectivement. La DOS des atomes interfaciaux Mo et Hf (Zr) présente plus des états occupés près du niveau de Fermi, ainsi, l'interface de Hf-site (Zr-site) est principalement des liaisons métalliques.

En conséquence, le plus grand travail d'adhésion correspondant à C-site dans les deux interfaces peut être directement lié au mécanisme de la liaison interfaciale et le caractère covalent trouvé entre les atomes de Mo et de C.

5.1.2. Effets d'alliage sur l'adhésion

La présence d'impureté dans les joints de grains peut soit fragiliser, soit au contraire consolider une interface. Ce phénomène de ségrégation qui met en jeu des monocouches ou des fractions de monocouches d'impuretés aux interfaces est très complexe. Si la ségrégation diminue l'énergie d'interface, il y a consolidation. La fragilisation peut intervenir par des transferts de charges qui affaiblissent les liaisons électroniques.

Nous avons effectué des calculs *ab initio* afin de déterminer l'effet du Rhénium (Re) sur l'adhésion des interfaces Mo/HfC et Mo/ZrC.

Nous utilisons les supercellules précédentes, en supposant que l'atome de Re substitue un atome interfacial de Mo des interfaces C-site les plus optimales, ce qui donne une concentration de 50% de Re.

Le tableau 5.5 résume la distance interfaciale (d_0) et le travail d'adhésion (W_{ad}) calculés. Pour les deux systèmes, nous constatons que la présence de Re augmente le travail d'adhésion : 0.55 J/m² (17%) pour Mo/HfC et 0.67 J/m² (19%) pour Mo/ZrC. Ceci implique que l'impureté de Re améliore l'adhésion. Ce qui est en bon accord avec les résultats expérimentaux disponibles, qui montrent que l'addition de 40% de Re dans le liquide Mo améliore la mouillabilité de Mo sur les céramiques HfC et ZrC [21].

Les études précédentes [11, 12] ont montré que la contrainte joue un rôle important dans la détermination des effets des éléments d'additions sur le travail d'adhésion. Entre-temps, l'atome de Mo et l'atome de Re sont presque de la même taille atomique et ainsi n'induisent pas une contrainte de réseau significative en alliage.

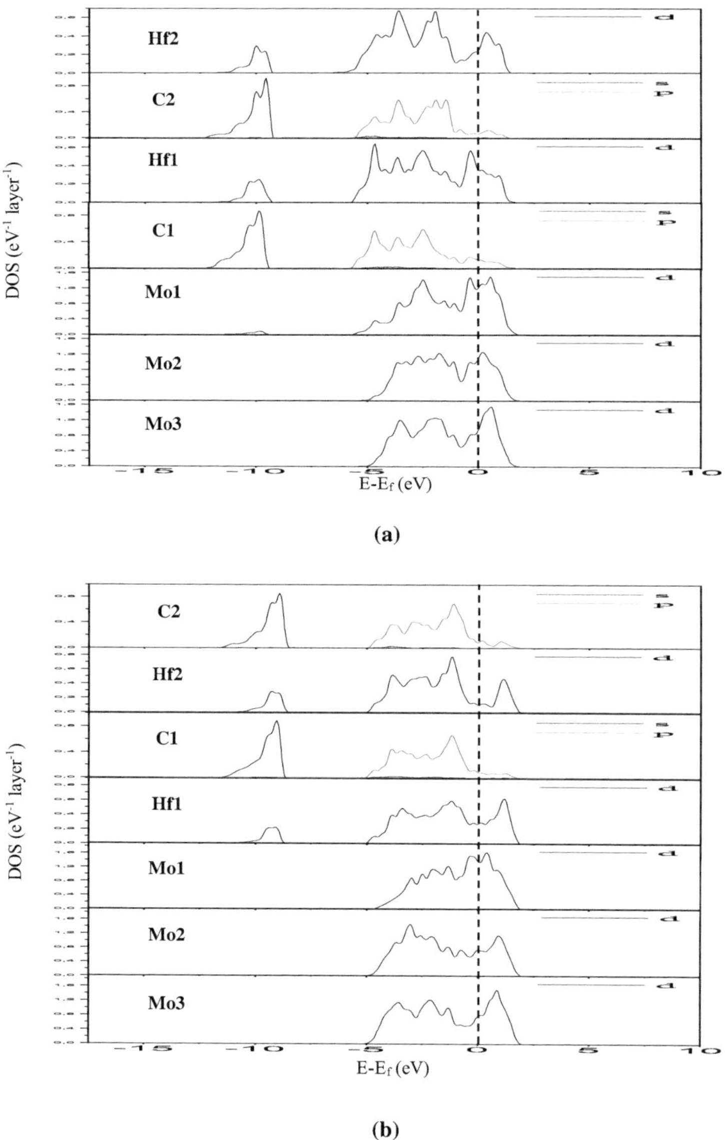

(b)

Figure 5.9: Densités d'états de l'interface Mo/HfC de (a) C-site et (b) Hf-site. La ligne en pointillés verticale indique la localisation du niveau de Fermi.

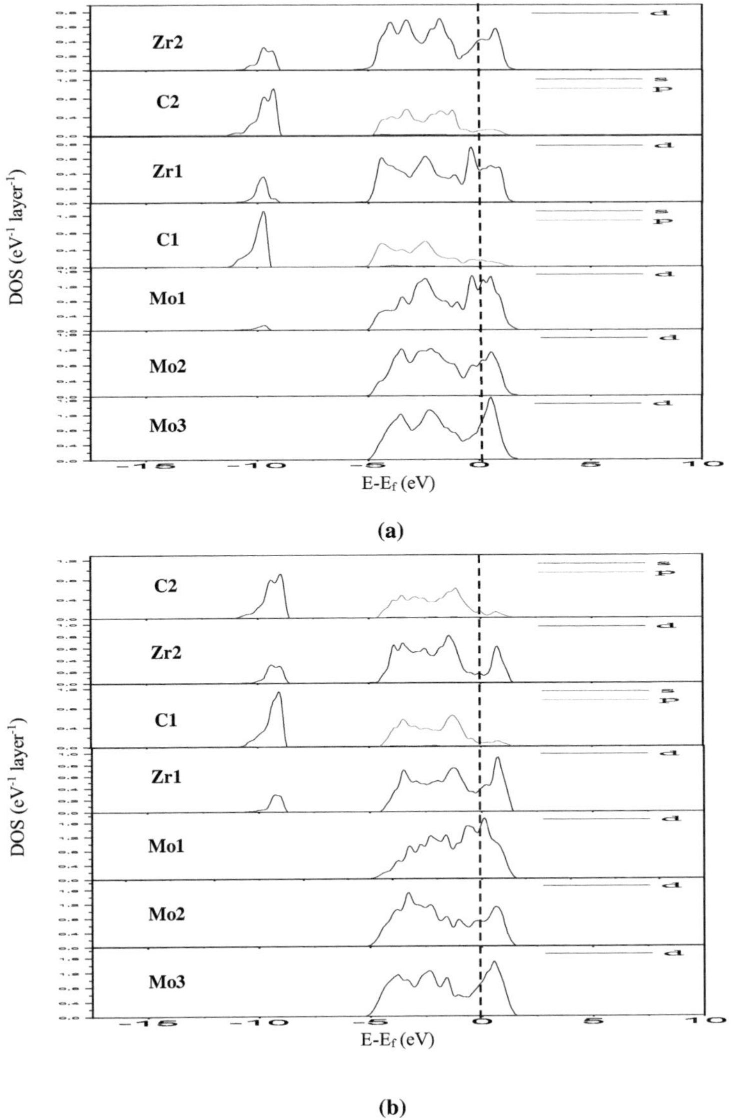

Figure 5.10: Densités d'états de l'interface Mo/ZrC de (a) C-site et (b) Zr-site. La ligne en pointillés verticale indique la localisation du niveau de Fermi.

Comme montré dans le tableau 5.5, la présence de Re ne change pas la distance interfaciale (d_0) de l'interface Mo/HfC et seulement réduit légèrement d_0 de l'interface Mo/ZrC. De plus, notre analyse de la densité de charge et la densité d'états révèle que l'impureté de Re n'affecte pas la nature et la force de la liaison interfaciale Mo-C, ce qui concorde avec les résultats des études précédentes, où les atomes d'impuretés ne pouvaient pas améliorer la liaison des interfaces métal/céramique [12, 36, 37].

Tableau 5.5 : Changement de W_{ad} et d_0 due à l'incorporation de substitutionnel Re à la surface Mo.

Céramique	Atome de ségrégation	d_0 (Å)	W_{ad} (J/m^2)
HfC	Clean	1.68	3.30
	Re	1.68	3.85
ZrC	Clean	1.66	3.67
	Re	1.63	4.34

5.2. Conclusion

Ce chapitre a présenté une étude *ab initio* de l'adhésion et la structure électronique des interfaces Mo/HfC et Mo/ZrC avec et sans la présence de l'impureté de Re. Dans un premier temps, les calculs d'optimisation géométrique des systèmes Mo, HfC et ZrC ont été effectués à l'aide de PP US dans le code VASP. Nos résultats montrent un bon accord avec les valeurs expérimentales et théoriques existantes dans la littérature.

Ensuite, les paramètres structuraux optimisés ont été utilisés pour étudier les surfaces de Mo(1 1 0), HfC(1 0 0) et ZrC(1 0 0). Les calculs de surface révèlent que la convergence est atteinte avec des slabs de sept couches de carbure et neuf couches de Mo.

Dans la dernière partie, les deux séquences d'empilement des interfaces Mo/HfC et Mo/ZrC ont été étudiées. Le travail d'adhésion a été calculé : 3.30 J/m² pour Mo/HfC et 3.67 J/m² pour Mo/ZrC pour la configuration C-site. Ces valeurs de travail d'adhésion nous ont permis de dire que les atomes de Mo se lient préférentiellement avec les atomes de C. L'analyse de la structure électronique interfaciale indique que les deux interfaces forment des liaisons Mo-C covalentes.

Dans la même optique, des calculs ont été effectués pour les interfaces avec la présence d'impureté de Re. Les résultats révèlent deux choses importantes. D'une part, la présence de Re à l'interface améliore l'adhésion, augmentant le travail d'adhésion de 17% et 19% pour Mo/HfC et Mo/ZrC respectivement. Ces résultats confirment l'observation expérimentale D'autre part, l'impureté de Re n'affecte pas la liaison interfaciale ce qui est en accord avec d'autres études.

Bibliographie

[1] L.E. Toth, Transition Metal Carbides and Nitrides, Academic Press, New York, 1971.

[2] V.P. Zhukov, V.A. Gubanov, O. Jepsen, N.E. Christensen, O.K. Anderson,Calculated energy-band structures and chemical bonding in titanium and vanadium carbides, nitrides and oxides, J. Phys. Chem. Solids. 49 (1988) 841.

[3] V.P. Zhukov, V.A. Gubanov, G.G. Mikhailov, G.P. Shveikin, Sov, Use of thermally reactive powders for hardening steel and cast iron parts, Powder Metall. Met. Ceram.27 (1988) 329.

[4] H. I. Faraoun, Y. D. Zang, C. Esling and H. Aourag, Crystalline, electronic, and magnetic structures of θ-Fe_3C, χ-Fe_5C_2, and η-Fe_2C from first principle calculation, J. Appl. Phys. 99 (2006) 093508.

[5] H.W. Hugosson, O. Eriksson, L. Nordstrom, U. Jansson, L. Fast, A. Delin, J.M. Wills, B. Johansson,Theory of phase stabilities and bonding mechanisms in stoichiometric and substoichiometric molybdenum carbide, J. Appl. Phys. 86 (1999) 3758.

[6] H.W. Hugosson, O. Eriksson, U. Jansson, A.V. Ruban, P. Souvatzis, I.A. Abrikosov, Surface energies and work functions of the transition metal carbides, Surf. Sci. 557 (2004) 243.

[7] H.W. Hugosson, O. Eriksson, U. Jansson, I.A. Abrikosov, Surface segregation of transition metal impurities on the TiC(1 0 0) surface, Surf. Sci. 585 (2005) 101.

[8] W. Liu, X. Liu, W.T. Zheng, Q. Jiang, Surface energies of several ceramics with NaCl structure, Surf. Sci. 600 (2006) 257.

[9] D.I. Bazhanov, I.V. Mutigullin, A.A. Knizhnik, B.V. Potapkin, A.A. Bagaturyants, L.R.C. Fonseca, M.W. Stoker,Impact of strain on the surface properties of transition metal carbide films: First-principles study, J. Appl. Phys.107 (2010) 083521.

[10] M. Mizuno, I. Tanaka, H. Adachi, Chemical bonding at the Fe/TiX (X=C, N or O) interfaces, Acta. Mater. 46 (1998) 1637.

[11] L.M. Liu, S.Q. Wang, H.Q. Ye, Adhesion and bonding of the Al/TiC interface, Surf. Sci. 550 (2004) 46.

[12] D. J. Siegel, L. G. Hector Jr., J. B. Adams, Adhesion, stability, and bonding at metal/metal-carbide interfaces: Al/WC, Surf. Sci. 498 (2002) 321.

[13] L.M. Liu, S.Q. Wang, H.Q. Ye, First-principles study of the polar TiC/Ti interface, J. Mater. Sci. Technol. 19 (2003) 540.

[14] S. Li, R.J. Arsenault, P. Jena, Quantum chemical study of adhesion at the SiC/Al interface, J. Appl. Phys. 64 (1988) 6246.

[15] T. Shishidou, J. H. Lee, Y. J. Zhao, A. J. Freeman, and G. B. Olson,Overlayer and superlattice studies of metal/ceramic interfaces: Fe/TiC, J. Appl. Phys. 93 (2003) 6876.

[16] L. Jaworska, M. Rozmus, B. Królicka, A. Twardowska, Functionally graded cermets, J. Achievements in Materals and Manufacturing Engineering. 17 (2006) 73.

[17] S. V. Dudiy, J. Hartford, B. I. Lundqvist, Nature of Metal-Ceramic Adhesion: Computational Experiments with Co on TiC, Phys. Rev. Lett. 85 (2000) 1898.

[18] S. V. Dudiy, B. I. Lundqvist, First-principles density-functional study of metal-carbonitride interface adhesion: Co/TiC(001) and Co/TiN(001), Phys. Rev. B 64 (2001) 045403.

[19] S. V. Dudiy, Effects of Co magnetism on Co/TiC(001) interface adhesion: a first-principles study, Surf. Sci. 497 (2002) 171.

[20] M. Christensen, S. V. Dudiy, G. Wahnstrom,First-principles simulations of metal-ceramic interface adhesion: Co/WC versus Co/TiC, Phys. Rev. B 65 (2002) 045408.

[21] C. R. Manning JR., R. F. Stoops, High-Temperature Cermets: 11, Wetting and Fabrication, J. Am. Ceram. Soc. 51 (1968) 415.

[22]H.J. Monkhorst, J.D. Pack, Special points for Brillouin-zone integrations, Phys. Rev. B 13 (1976) 5188.

[23] F.D. Murnaghan, Proc. Natl. Acad. Sci. USA, 30 (1944) 5390.

[24] C. Kittel, Introduction to Solid State Physics, seventh ed., Wiley, New York, 1996.

[25] D. Liu, J. Deng, Y. Jin, First-principles analysis of the adsorption of aluminum and chromium atoms on the HfC (0 0 1) surface, Comput. Mater.Sci. 47 (2010) 625.

[26] A. Zaoui, B.Bouhafs, P. Ruterana, First-principles calculations on the electronic structure of TiC_xN_{1-x}, $Zr_xNb_{1-x}C$ and HfC_xN_{1-x} alloys, Mater.Chem. Phys. 91 (2005) 108.

[27] K. Kobayashi, First-principles study of the electronic properties of transition metal nitride surfaces, Surf. Sci. 493 (2001) 665–670.

[28] A. Arya, E. A. Carter, Structure, bonding, and adhesion at the ZrC(1 0 0)/Fe(1 1 0) interface from first principles, Surf. Sci. 560 (2004) 103.

[29] P. Villars, L.D. Calvert, Pearson's Handbook of Crystallographics Data for Intermetallic Phases, ASM, Ohio, 1991.

[30] D. J. Siegel, L. G. Hector Jr., J. B. Adams, First-principles study of metal–carbide/nitride adhesion: Al/VC vs. Al/VN, Acta. Mater.50 (2002) 619.

[31] A. Arya, E. A. Carter, Structure, bonding, and adhesion at the TiC(100)/Fe(110) interface from first principles, J. Chem. Phys. 118 (2003) 8982.

[32] R. P. Feynman, Forces in Molecules, Phys. Rev. 56 (1939) 340.

[33] W.R. Tyson, W.A. Miller, Surface free energies of solid metals: Estimation from liquid surface tension measurements, Surf. Sci. 62 (1977) 267.

[34] A. Christensen and E. A. Carter, First-principles characterization of a heteroceramic interface: ZrO_2(001) deposited on an α-Al_2O_3($11\bar{}02$) substrate, Phys. Rev. B62 (2000) 16968.

[35] A. Christensen, E.A.A. Jarvis, and E.A. Carter, Chemical Dynamics in Extreme Environments, edited by R.A. Dressler, Advanced Series in Physical Chemistry, Vol. 11, series edited by C. Y. Ng (World Scientific, Singapore, 2001), p. 490.

[36] X.G Wang, J.R. Smith, M. Scheffler, Effect of hydrogen on Al_2O_3/Cu interfacial structure and adhesion, Phys. Rev. B 66 (2002) 073411.

[37] X.G. Wang, J.R. Smith, A. Evans, Fundamental Influence of C on Adhesion of the Al_2O_3/Al Interface, Phys. Rev. Lett.89 (2002) 286102.

Chapitre 6

L'interface Fe(1 1 0)/HfC(1 0 0)

6.1. Introduction

Les matériaux composites sont des matériaux constitués d'au moins deux phases distinctes (une matrice et une phase dispersée ou un renfort) dont l'association confère au matériau final des propriétés différentes de chacune de ces phases. Différentes familles de matériaux composites peuvent être considérées en fonction de la matrice et du type de renfort :les composites à matrice polymère, les composites à matrices céramique (CMC) et les composites à matrice métallique (CMM) dont fait partie le composite étudié dans ce chapitre.

La matrice des CMM peut être une matrice aluminium, magnésium, fer, cuivre et les renforts sont soit céramiques (oxydes, carbures) soit métalliques (tungstène, molybdène).

Les matériaux métalliques renforcés par des particules céramiques peuvent constituer une alternative aux alliages métalliques. Les CMM sont actuellement utilisés pour des applications de niche dans les secteurs de l'automobile, de l'aéronautique, de l'armement et de l'espace avec des productions en faible volume. Par rapport aux alliages métalliques traditionnels, ils se caractérisent notamment par une meilleure résistance à l'usure pour des pièces de frottement (pistons, pièces de freinage...), par de meilleures caractéristiques mécaniques associées à une faible densité (bielles, axes de piston...), par une meilleure résistance en fatigue thermique, une rigidité élevée ainsi que de meilleures propriétés mécaniques à chaud. Ces propriétés sont pour partie liées à la qualité de l'interface entre le renfort et la matrice [1].

Les composites à matrice de feront attirés l'attention essentiellement pour des applications de résistance à l'usure ; aussi, un renfort discontinu de particules de céramique est utilisé pour améliorer la résistance à l'usure [2-5]. Les matériaux céramiques communs utilisés pour renforcer des matrices de Fe sont Al_2O_3, SiO_2, Si_3N_4, SiC, TiC, B_4C, VC etc. Les monocarbures du (des métaux de transition de groupe IV) groupe 4 (TiC, ZrC et HfC) sont des matériaux types pour augmenter la dureté, la résistance à l'usure et à la corrosion des matrices de fer [6]. De plus, ces composés ont la capacité d'être entièrement mouillés par le fer fondu [7]. Dans ces conditions, il est indispensable que l'interface entre matrice et renfort soit forte ; c'est-à-dire il est souhaitable d'avoir une forte adhésion entre le revêtement et la matrice de fer.

Arya et Carter [8,9] ont utilisé des calculs du premier-principes pour étudier l'adhésion des interfaces TiC(1 0 0)/Fe(1 1 0) et ZrC(1 0 0)/Fe(1 1 0), et ont révélé qu'un mélange d'une liaison covalente et métallique a dominé à travers l'interface. Leurs résultats ont montré que le TiC et le ZrC peuvent être utiles comme alternatives en revêtements protecteurs pour les aciers de ferrite.Ces études nous ont encouragés à examiner l'interface Fe/HfC avec cette méthode. Principalement, le revêtement de carbure de hafnium a une dureté élevée, une excellente résistance à l'usure, une bonne résistance à la corrosion et une faible conductivité thermique, qui sont des caractéristiques idéales pour l'utilisation dans les applications à hautes températures [10].

6.2. Magnétisme du fer

Dans le tableau périodique, il se trouve que la majorité des métaux de transition isoélectroniques (possédant la même valence) possèdent la même structure cristalline. Cependant, quelque uns d'entre eux uniquement exhibe un ordre magnétique à l'état solide (en l'occurrence Cr, Mn, Fe, Co et Ni qui appartiennent à la première période des éléments de transition). Parmi ces derniers Mn, Fe et Co violent cette tendance de partager la même structure cristalline avec leurs homologues isoélectroniques. Ces observations montrent que l'ordre magnétique ne doit pas être uniquement la conséquence des propriétés structurales. Les deux premiers éléments Cr et Mn sont antiferromagnétiques et possèdent des structures magnétiques assez compliquées, et les trois derniers éléments Fe, Co et Ni sont des métaux ferromagnétiques.

A l'état naturel, sous des conditions normales de température et de pression, le fer cristallise dans une structure cubique centrée, notée Fe-α ou encore Fe-cc, avec un paramètre de maille de 2.86 Å. Son moment magnétique atomique est 2.22 μ_B.

Il est connu depuis longtemps que les moments magnétiques aux surfaces ou aux interfaces des systèmes magnétiques (Fe, Co et Ni) sont différents de ceux dans le volume. Sur le plan théorique, des calculs de structures électroniques pour des surfaces et des interfaces des couches minces magnétiques des métaux de transition 3d ont été réalisés la première fois par Freeman et *al.* [11]. Ils ont montré une amélioration des moments magnétiques à la surface et/ou l'interface.

6.3. Résultats de l'optimisation géométrique

Les calculs ont été effectués avec le code VASP utilisant la méthode pseudo-potentiel (PP). Deux types de pseudo-potentiels sont utilisés : ultra-doux (US) et PAW. Nous avons débuté l'optimisation géométrique pour Fe et HfC avec les pseudo-potentiels US-PP construits dans la GGA. Les calculs ont été convergés pour 1-2 meV sur une énergie de coupure de 358.4 eV et sur un maillage en points k 11x11x11. Ensuite, nous avons été appelé à utiliser les pseudo-potentiels PAW qui sont plus performants pour les systèmes magnétiques. Une énergie de coupure de 500 eV et un maillage en points k 8x8x8 ont permis une meilleure convergence (convergence vers 1 meV).

Comme il a été souligné dans le chapitre précédent, le carbure de hafnium (HfC) possède une structure cubique à faces centrées de type NaCl. Le tableau 6.1 compare nos résultats des paramètres de maille et des modules de compressibilité à ceux de l'expérience et d'autres calculs du premier-principes. Les courbes E=f(V) obtenues pour HfC sont illustrées dans la figure 6.1(a). L'utilisation de PAW aseulement des changements mineurs aux valeurs obtenues par les PP-US, le paramètre de maille calculé avec les deux pseudo-potentiels est en très bon accord avec la valeur expérimentale.

Tableau 6.1 : Les propriétés de HfC non-magnétique à l'équilibre théorique.

HfC	a (Å)	B (GPa)
Nos calculs		
USPP-GGA	4.632	245
PAW-GGA	4.65	250
PP-GGA[a]	4.69	-
LAPW-LDA[b]	4.65	248
Exp[c]	4.64	-

[a] Ref. [12]

[b] Ref. [13]

[c] Ref. [14]

Les courbes E=f(V) obtenues pour Fe sont schématisées dans la figure 6.1(b). Ainsi que le tableau 6.2, ci-dessous regroupe les valeurs théoriques et expérimentales des paramètres de maille et des modules de compressibilité du Fe-cc.

Tableau 6.2 : Les propriétés de Fe ferromagnétique à l'équilibre théorique.

Fe	a (Å)	B (GPa)	M(μ_B)
Nos calculs			
USPP-GGA	2.862	123	2.412
PAW-GGA	2.83	193	2.20
USPP-GGA[a]	2.862	158	2.32
PAW-GGA[b]	2.834	174	2.20
Exp[c,d]	2.86	168	2.22

[a] Ref. [8]

[b] Ref. [15]

[c] Ref. [16]

[d] Ref. [17]

Les deux pseudo-potentiels (US et PAW) donnent des résultats de paramètres de maille et de modules de compressibilité en accord avec ceux de l'expérience tandis que le moment magnétique calculé par les US est surestimé d'environ 0.2 μ_B. Les pseudo-potentiels US n'assurent pas une bonne transférabilité pour les matériaux à fort moment magnétique, plus particulièrement le Fe [18,19]. Pour contourner cet inconvénient, nous avons adopté dans ce travail les pseudo-potentiels PAW qui produisent l'ordre correct des états magnétiques du Fe.

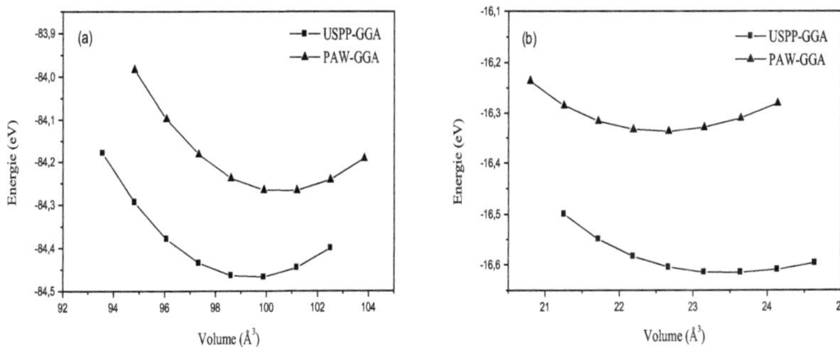

Figure 6.1 : Variation de l'énergie totale en fonction du volume de (a) HfC et (b) Fe.

6.4. Calculs de surface

Pour étudier l'interface, il est important de s'assurer que les deux slabs sont suffisamment épais pour confirmer la présence du volume à l'intérieure. En conséquence, nous avons effectué des tests de convergence sur les surfaces Fe(1 1 0) et HfC(1 0 0) en ce qui concerne l'épaisseur de slab.

Les calculs ont été effectués en utilisant les pseudo-potentiels PAW et l'approximation GGA pour l'énergie d'échange et corrélation. La zone de Brillouin a été échantillonnée en utilisant une grille de 8x8x1, avec une énergie de coupure de 500 eV. Tous les atomes ont été relaxés librement à l'état fondamental en minimisant les forces de Hellmann-Feynman [20] en utilisant l'algorithme du gradient conjugué tels que toutes les forces agissant sur les atomes étaient moins de 0.025 eV/Å. Pour éviter l'interaction entre les surfaces et leurs images périodiques, une région de vide est incluse dans la cellule. Nous avons fait des tests de convergence sur des systèmes à 5 couches (5L) avec des vides de $a\sqrt{2}$, $2a\sqrt{2}$, $3a\sqrt{2}$, $4a\sqrt{2}$ et $5a\sqrt{2}$ correspondant à 4.002 Å, 8.004 Å, 12.006 Å, 16.008 Å et 20.011 Å pour Fe et a, 2a,

3a, 4a, 5a correspondant à 4.65 Å, 9.3 Å, 13.95 Å, 18.6 Å et 23.25 Å pour HfC. Les énergies de surface ainsi calculées sont présentées dans la figure 6.2. Nos tests de convergence montrent qu'une région de $3a\sqrt{2}$ (12,006 Å) pour Fe et 2a (9.3 Å) pour HfC est suffisante pour converger l'énergie totale à moins 1meV.

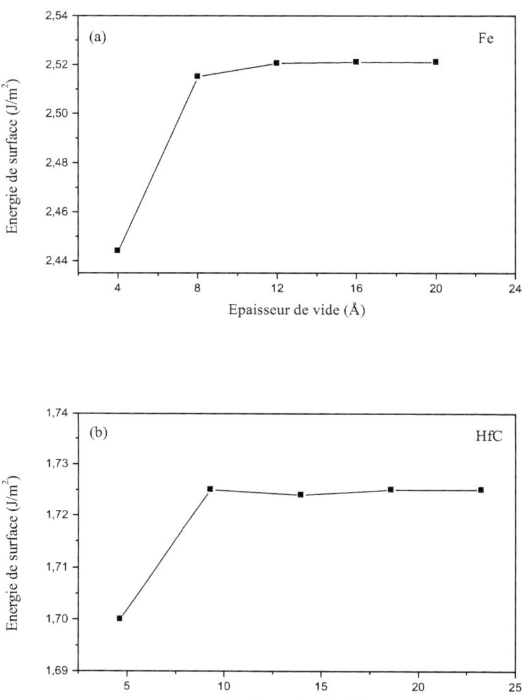

Figure 6.2 : Variation de l'énergie de surface en fonction de l'épaisseur de vide pour (a) Fe et (b) HfC.

Pour déterminer l'épaisseur minimale nécessaire pour assurer la présence du volume, nous avons calculé les énergies du Fe(1 1 0) et HfC(1 0 0) pour l'épaisseur des slabs allant de 3 à 11 couches. Les résultats de relaxation de chaque couches ont présentés dans le tableau 6.3.

Les relaxations inter-couches sont caractérisées par une contraction du premier espace interatomique Δ_{12}, qui sont nettement plus grandes que les relaxations des couches intérieures

Δ_{23}, Δ_{34}, Δ_{45}, Δ_{56}. Nos résultats montrent que plus de sept couches ; les relaxations inter-couches pour les deux systèmes sont bien convergées.

Tableau 6.3 : Relaxation de surface en fonction de l'épaisseur du slab, déplacements perpendiculaires Δ_{ij}^{*}(en %).

Système	Inter-couche	Épaisseur du slab, nL				
		3	5	7	9	11
Fe	Δ_{12}	-8.48	-5.40	-0.64	-5.36	-0.48
	Δ_{23}		0.80	0.68	0.24	0.48
	Δ_{34}			-0.28	0.80	0.48
	Δ_{45}				0.38	-0.32
	Δ_{56}					0.00
HfC	Δ_{12}	-4.09	-3.13	-2.95	-3.01	-2.84
	Δ_{23}		-0.82	-0.51	-0.56	-0.46
	Δ_{34}			-0.14	-0.04	0.1
	Δ_{45}				0.02	-0.04
	Δ_{56}					-0.04

* Δ_{ij} *donné par* $\Delta_{ij} = 100.(d_{ijMrelaxé} - d_{ijMbulk})/ d_{ijMbulk}$ *en pourcentage avec i et j les indices des couche relaxée. i=1 pour la couche interface solide-vide.*

Le tableau 6.4 présente les énergies de surface calculées du Fe(1 1 0) et HfC(1 0 0) pour des systèmes allant de 3 à 11 couches. L'énergie de surface pour HfC converge à 1.7 J/m², à partir de 7 couches. Pour le fer, l'énergie de surface calculée converge rapidement avec l'augmentation de l'épaisseur du slab à environ 0.01 J/m² pour les slab nL $\geq$ 5. Nous notons que cette valeur convergée est en accord avec la valeur expérimentale (extrapolé à 0 K) qui se situe entre 2.417 et 2.475 J/m² [21].

Tableau6.4 : Convergence de l'énergie de surface en fonction du nombre de couches.

Nombre de couches, nL	Energie de surface (J/m^2)	
	Fe (110)	HfC (100)
3	2.63	1.75
5	2.53	1.72
7	2.54	1.70
9	2.55	1.70
11	2.55	1.70

Dans le cas du Fe, l'examen des moments magnétiques est nécessaire pour compléter les tests de convergence. Les moments magnétiques calculés de chaque couche sont résumés dans le tableau 6.5. Les moments magnétiques des atomes de la surface augmentent puisque les atomes de surface sont moins coordonnés, ce qui donne lieu au rétrécissement de la bande d et induit une augmentation du moment magnétique. Cette augmentation est de l'ordre 13%, Ce phénomène avait déjà été observé dans divers travaux traitant du magnétisme de surface [11,22,23] avec des valeurs calculées assez proches des celles que nous trouvons (14% pour la surface (110) [23]). La couche atomique centrale pour les slabs avec 9 ou 11 couches indique la présence du moment magnétique du volume.

Tableau 6.5:Moment magnétique (en μ_B) en fonction de l'épaisseur du slab.

Fe(1 1 0)	Épaisseur du slab, nL				
	3	5	7	9	11
S	2.345	2.451	2.479	2.486	2.446
S-1	2.139	2.224	2.249	2.257	2.228
S-2		2.124	2.137	2.161	2.230
S-3			2.106	2.146	2.222
S-4				2.143	2.192
S-5					2.174
M_{Bulk}			2.20		
M_{exp}			2.22		

6.5. Calculs d'interface

6.5.1. Géométrie d'interface

Comme il est observé expérimentalement [24] que les interfaces stables sont généralement formées entre les surfaces les plus stables, nous avons limité notre étude à l'interface Fe(1 1 0)/HfC(1 0 0). Le modèle d'interfaces se compose de 7 couches de HfC(1 0 0) placées sur 9 couches de Fe (1 1 0). Ce qui donne une supercellule de 46 atomes.

Pour identifier la géométrie d'interface optimale, nous avons considéré deux séquences d'empilement différentes, en plaçant le Fe interfacial dans l'une des deux positions en ce qui concerne la structure du réseau de surface HfC : Fe au-dessus des atomes de C (C-site) et Fe au-dessus des atomes d'Hf (Hf-site). Pour compenser l'accommodation, le réseau de Fe est étiré pour s'adapter avec celui de HfC et la relaxation totale permettra de déplacer les atomes à des positions plus favorables.

6.5.2. Travail d'adhésion

Comme discuté dans le chapitre 2, le travail d'adhésion idéal (W_{ad}) est une quantité fondamentale importante pour prédire les propriétés mécaniques d'une interface. Il est défini comme étant l'énergie nécessaire pour séparer réversiblement une interface en deux surfaces libres, négligeant les degrés de liberté de la déformation plastique et de la diffusion. Formellement, il peut être défini par la différence dans l'énergie totale entre l'interface et les surfaces isolées :

$$W_{ad} = \frac{E_m^{tot} + E_c^{tot} - E_{m/c}^{tot}}{2A} \tag{6.1}$$

Où $E_{m/c}^{tot}$: est l'énergie totale de la supercellule contenant les multicouches de Fe et de HfC.

E_m^{tot} , E_c^{tot} sont les énergies totales de la supercellule contenant seulement la surface de Fe ou HfC.

A : étant l'aire élémentaire de l'interface. Le facteur multiplicatif 2 tient compte de la présence des deux interfaces identiques dans la supercellule.

Le travail d'adhésion et la distance interfaciale calculés pour les deux structures d'interfaces (C-site et Hf-site) ; y compris les deux résultats non-relaxé et relaxé sont résumés dans le tableau 6.6.

L'interface formée avec les atomes de Fe placés au-dessus des atomes de C présente la plus forte adhésion. L'interface C-site avec la valeur de 2.38 J/m² est plus grande que le cas de Hf-site (1.59 J/m²). En outre, notre travail d'adhésion calculé est comparable à celui de l'interface Fe/ZrC (2.30 J/m²) [9] et l'interface Fe/TiC (2.56 J/m²) [8], et il est qualitativement en accord avec la valeur expérimentale de 2.87 J/m² (à 1550°C) [7] déterminé à partir de l'angle de contact par la méthode de la goutte posée dans le vide.

Tableau 6.6 : Travail d'adhésion (W_{ad}) et distance interfaciale (d_0) calculés pour les deux systèmes d'interface Fe/HfC.

Stacking	Unrelaxed		Relaxed		ΔW_{relax}
	d_0 (Å)	W_{ad} (J/m²)	d_0 (Å)	W_{ad} (J/m²)	(eV/atom)
C-site	2.10	3.04	2.02	2.38	0.69
Hf-site	2.30	1.96	2.41	1.59	0.39
Exp				2.87(1550°C)	

6.5.3. Structure électronique

Pour révéler la nature de la liaison interfaciale entre le Fe et le HfC. Les figures 6.3(a et b) et 6.4(a et b) illustrent les différences de la densité de charge interfaciale et les densités d'états (DOS) projetées pour l'interface Fe/HfC relaxée.

La différence de la densité de charge électronique $\Delta\rho$ est donnée par :

$$\Delta\rho = \rho_{Fe/HfC} - \rho_{Fe} - \rho_{HfC} \quad (6.2)$$

Avec :

$\rho_{Fe/HfC}$ est la densité de charge totale du système d'interface.

ρ_{Fe} et ρ_{HfC} sont calculés pour les slabs isolés de Fe et de HfC dans la même supercellule.

Les figures 6.3(a) et 6.3(b) montrent les différences de la densité de charge dans le plan (0 1 0), pour les interfaces C-site et Hf-site respectivement.

- Pour l'interface C-site, l'atome interfacial Fe est attiré très près de l'atome interfacial C, où l'accumulation de charge est légèrement plus près de l'atome C que celui du Fe. Ceci est compatible avec la différence d'électronégativité entre les atomes Fe et C ($\chi_C - \chi_{Fe} = 0.72$). Cette accumulation de charge est généralement caractéristique d'une liaison covalente polaire.
- Pour l'interface Hf-site, il y'a une accumulation de charge faible entre les atomes d'interface Fe et Hf, caractéristique de la liaison covalente faible. Ainsi, la liaison à l'interface reste principalement métallique.

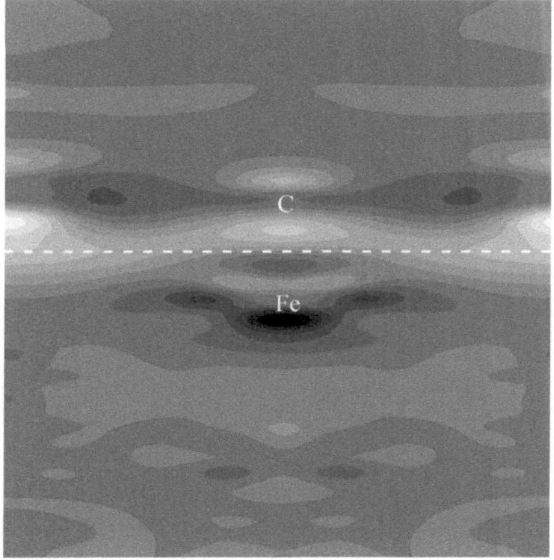

(a) C-site

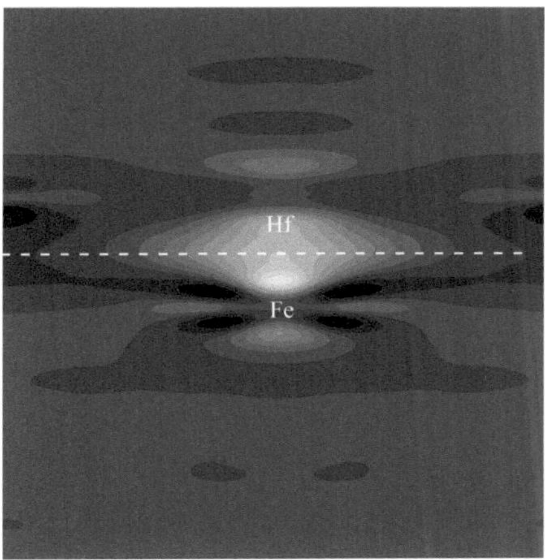

(b) Hf-site

Figure 6.3 : Contours des différences de la densité de charge de l'interface Fe/HfC dans le plan (0 1 0) pour (a) C-site et (b) Hf-site. La ligne pointillée indique la localisation de l'interface.

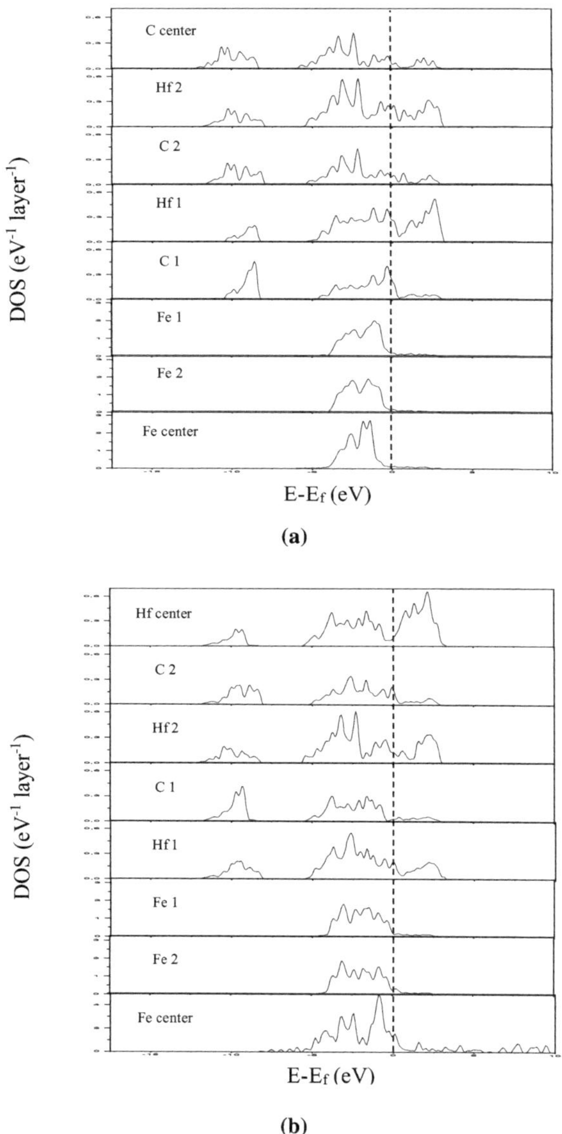

Figure 6.4: Densités d'états de l'interface Fe/HfC de (a) C-site et (b) Hf-site. La ligne pointillée verticale indique la localisation du niveau de Fermi.

Les figures 6.4(a) et 6.4(b) montrent les densités d'états projetées pour les interfaces C-site et Hf-site respectivement. Celles-ci révèlent plus explicitement les caractéristiques de la liaison interfaciale.

- Pour l'interface C-site, la DOS de l'atome C de l'interface ne montre aucun changement significatif comparée à celle du volume (figure 5.3(a)) dans le chapitre précédent), la DOS de l'atome Fe de l'interface présente un nouveau pic autour de -1.25 eV à la même position que celui du C interfacial. Ces états de chevauchement contribuent à l'hybridation des orbitales Fe-3d et C-2p, formant une liaison covalente.
- Pour l'interface Hf-site, la DOS de la partie du Fe interfaciale n'a pas distinctement changé. Du côté de la céramique, la DOS de l'atome Hf interfacial a une grande valeur au niveau de fermi, ce qui indique un caractère métallique de l'interface Hf-site.

6.5.4. Magnétisme d'interface

Le tableau 6.7 présente les moments magnétiques calculés des atomes dans chaque couche de l'interface Fe (1 1 0)/HfC (1 0 0) pour C-site et Hf-site. Afin de bien illustrer la modification des moments magnétiques, nous avons représenté ces valeurs dans les figures 6.5 (a) et (b).

Tableau 6.7 : Les moments magnétiques de l'interface Fe/HfC.

	C-site	Hf-site
Fe bulk	2.20	
Fe5 (center)	2.211	2.192
Fe4	2.216	2.226
Fe3	2.290	2.230
Fe2	2.321	2.277
Fe1(int)	2.335	2.281
C1 (int)	-0.204	-0.002
Hf (int)	0.139	-0.094
C2	0.103	0.002
Hf2	-0.091	-0.002
C3	0.003	0.001
Hf3	0.000	0.000
C4	0.004	0.000
Hf4	0.000	-0.001

Les moments magnétiques au centre du slab de Fe sont 2.211 μ_B pour C-site et 2.192 μ_B pour Hf-site et au centre du slab HfC, il est 0 μ_B. Cet accord avec les valeurs des moments magnétiques du volume indique que les propriétés magnétiques sont convergées en ce qui concerne l'épaisseur utilisée du slab.

Pour le C-site, le moment magnétique du Fe interfacial (2.335 μ_B) est supérieur à la valeur du volume de 2.2 μ_B et les atomes de Fe à l'interface induisent une aimantation dans les atomes interfaciaux du C (-0.204 μ_B). En outre, les atomes de Fe de l'interface ont réduit les moments magnétiques comparés à leur valeur de surface (2.486 μ_B), suggérant qu'un fort spin d'appariement est impliqué dans les interactions Fe-C. De même pour Hf-site, le moment magnétique du Fe interfacial est de 2.281 μ_B et les atomes de Fe à l'interface induisent une petite aimantation dans les atomes interfaciaux de Hf (-0.094 μ_B). Ainsi, le spin d'appariement à ces interfaces est susceptible d'être l'origine de la liaison améliorée comparée au Fe pur.

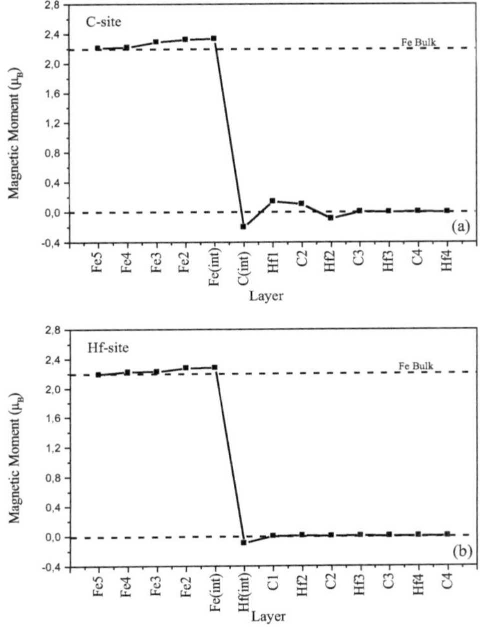

Figure 6.5 : Les moments magnétiques de l'interface Fe/HfC de (a) C-site et (b) Hf-site.

L'augmentation du moment magnétique de Fe à l'interface Fe/HfC peut être expliquée par le changement de leur structure électronique. Ceci est clairement reflété dans les densités d'états partielles (PDOS), projetées selon les deux directions du spin $\uparrow$ et $\downarrow$, tracées pour les interfaces C-site et Hf-site et comparées aux états de volume du Fe (Figure 6.6). La PDOS du Fe, pour la bande du spin majoritaire de C-site (figure 6.6.b) et Hf-site (figure 6.6.c) est fortement différente de celle du volume (figure 6.6.a). Il est décalé vers les énergies basses de sorte que le nombre d'électrons spin up, logés en dessous du niveau de fermi soit plus élevé. La PDOS du Fe pour le spin minoritaire n'est pas particulièrement modifiée. Comme conséquence de ces modifications c-à-d, une augmentation (diminution) des électrons de spin up (spin down), le moment magnétique de l'atome du Fe à l'interface est passé de 2.2 μ_B à 2.335 μ_B pour C-site et de 2.2 μ_B à 2.281 μ_B pour Hf-site.

Contrairement au Fe interfacial où le spin up est fortement modifié, c'est le spin down de la PDOS du HfC interfacial qui est fortement perturbé par rapport au PDOS correspondant du volume de HfC. Ceci provoque un petit moment magnétique sur les atomes Hf et C à l'interface Fe/HfC.

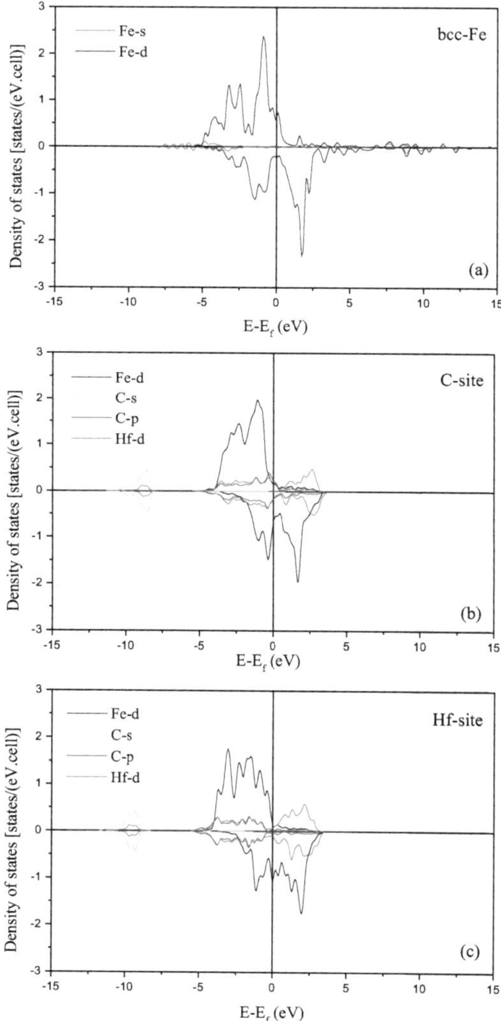

Figure 6.6 : Densités d'états partielles (PDOS), projetées selon les deux directions du spin ↑ et ↓ : du (a) Fe, (b) interface C-site et (c) interface Hf-site.

6.6. Conclusion

Ce chapitre a présenté une étude *ab initio* de l'adhésion, la structure électronique et le magnétisme de l'interface Fe(1 1 0)/HfC(1 0 0). Un premier calcul a été effectué pour déterminer les paramètres de mailles et les modules de compressibilité du Fe et HfC en utilisant deux types de pseudo-potentiels : US et PAW. Les résultats obtenus montrent que la méthode PAW produit l'ordre correct des états magnétiques de Fe. Ainsi, ces études ont permis d'aboutir à la sélection d'un jeu de pseudopotentiels PAW.

Ensuite, les surfaces les plus stables des deux systèmes Fe(1 1 0) et HfC(1 0 0) ont été étudiés. Les résultats indiquent que la convergence est atteinte avec des slabs de neuf couches de Fe et sept couches de HfC.

En dernier lieu, des calculs de l'adhésion, de la structure électronique et du magnétisme des deux interfaces (C-site et Hf-site) ont été effectués. Les résultats obtenus montrent que les atomes de Fe se lient préférentiellement avec les atomes de C ; les valeurs du travail d'adhésion ont été calculées : 2.38 J/m^2 pour C-site et 1.59 J/m^2 pour Hf-site. Les structures électroniques des interfaces Fe/HfC ont été analysées en utilisant les différences des densités de charge et les densités d'états électroniques (DOS). Les résultats indiquent que la liaison de l'interface C-site est covalente polaire dans la région interfaciale. Tandis que pour l'interface Hf-site, la liaison est principalement métallique. Les propriétés magnétiques aux interfaces sont calculées en utilisant la DOS de spin polarisé, les résultats montrent que la formation de l'interface permettra d'améliorer le moment magnétique des atomes de Fe interfacials pour C-site et Hf-site. Cette amélioration est liée au changement de la population de la bande du spin majoritaire de Fe; autrement dit, le Fe est passé d'un type ferromagnétique faible à un type ferromagnétique fort dans le cas de l'interface Fe/HfC.

Bibliographie

[1] T.W. Clyne and P.J. Withers, An Introduction to Metal Matrix Composites. Cambridge University Press (1995).

[2] T.Z. Kattamis and T. Suganuma,Solidification processing and tribological behavior of particulate TiC-Ferrous Matrix composites, Mater. Sci. Eng. A, 128 (1990) 241.

[3] E. Pagounis, V.K. Lindroos and M. Talvitie, Influence of matrix structure on the abrasion wear resistance and toughness of a hot isostatic pressed white iron matrix composite, Metall. Mater.Trans. A. 27 (1996) 4183.

[4] T.K. Bandyopadhyay, S. Chatterjee, K. Das, Synthesis and characterization of TiC-reinforced iron-based composites, Journal of Materials Science, 39 (2004) 5735.

[5] K. Das, T. K. Bandyopadhyay, S. Das, A Review on the various synthesis routes of TiCreinforced ferrous based composites, Journal of Materials Science, 37 (2002) 3881.

[6] T.Y. Kosolapova, Carbides: Properties, Production and Applications, Plenum Press, New York, 1971, p 97-122.

[7] G.V. Samsonov, A.D. Panasyuk, G.K. Kozina, and L. V. D'yakonova, Contact reaction of refractory compounds with liquid metals, Powder Metallurgy and Metal Ceramics, 11 (1972) 568.

[8] A. Arya and Emily A. Carter, Structure, bonding, and adhesion at the TiC(100)/Fe(110) interfacefrom first principles, J. Chem. Phys, 118 (2003) 8982.

[9] A. Arya, Emily A. Carter. Structure, bonding, and adhesion at the ZrC(100)/Fe(110) interface from first principles, Surf. Sci. 560 (2004) 103.

[10] G. Li, G. Li, Microstructure and mechanical properties of hafnium carbide coatings synthesized by reactive magnetron sputtering, J. Coat. Technol. Res. 7 (2010) 403.

[11] A.J. Freeman and Ru-qian Wu, Electronic structure theory of surface, interfaceand thin-film magnetism, J. Magn. Magn. Mater. 100 (1991) 497.

[12] D. Liu, J. Deng, Y. Jin, First-principles analysis of the adsorption of aluminum and chromium atoms on the HfC (0 0 1) surface, Comput. Mater. Sci. 47 (2010) 625.

[13] A. Zaoui, B. Bouhafs, P. Ruterana, First-principles calculations on the electronic structure of TiC_xN_{1-x}, $Zr_xNb_{1-x}C$ and HfC_xN_{1-x} alloys, Mater. Chem. Phys. 91 (2005) 108.

[14] K. Kobayashi, First-principles study of the electronic properties of transition metal nitride surfaces, Surf. Sci. 493 (2001) 665–670.

[15] Donald F. Johnson, D.E. Jiang, Emily A. Carter, Structure, magnetism, and adhesion at Cr/Fe interfaces from density functional theory, Surf. Sci. 601 (2007) 699.

[16] M. Acet, H. Zähres, E.F. Wasserman, W. Pepperhoff, High-temperature moment-volume instability and anti-Invar of γ-Fe, Phys.Rev. B49 (1994) 6012.

[17] C. Kittel, Introduction to Solid State Physics, Seventh ed., Wiley, New York, 1996.

[18] D.E. Jiang, E.A. Carter,Carbon dissolution and diffusion in ferrite and austenite from first principles, Phys. Rev. B 67 (2003) 214103.

[19] V. Cocula, C.J. Pickard, E.A. Carter, Ultrasoft spin-dependent pseudopotentials, J. Chem. Phys. 123 (2005) 214101.

[20] R. P. Feynman, Forces in Molecules, Phys. Rev. 56 (1939) 340.

[21] W.R. Tyson, W.A. Miller, Surface free energies of solid metals: Estimation from liquid surface tension measurements, Surf. Sci. 62 (1977) 267.

[22] M.J.S. Spencer, A. Hung, I.K. Snook, I. Yarovsky,Sulfur adsorption on Fe(110): a DFT study, Surf. Sci. 540 (2003) 420.

[23] M. Aldén, S. Mirbt, H. L. Skriver, N. Rosengaard, and B. Johansson, Surface magnetism in iron, cobalt, and nickel, Phys. Rev. B 46 (1992) 6303.

[24] A. Christensen, E.A.A. Jarvis, and E.A. Carter, Chemical Dynamics in Extreme Environments, edited by R.A. Dressler, Advanced Series in Physical Chemistry, Vol. 11, series edited by C. Y. Ng (World Scientific, Singapore, 2001), p. 490.

MIX
Papier aus verantwortungsvollen Quellen
Paper from responsible sources
FSC® C105338

Printed by Books on Demand GmbH, Norderstedt / Germany